电力人身事故防控及案例警示教材

灼烫伤、坍塌、淹溺

白泽光◎编著

U0245981

中国电力出版社
CHINA ELECTRIC POWER PRESS

内 容 提 要

《电力人身事故防控及案例警示教材》为系列教材，本系列教材包括：高处坠落；起重伤害；触电；火灾爆炸和中毒窒息；物体打击和机械伤害；灼烫伤、坍塌、淹溺；厂内车辆伤害。

《灼烫伤、坍塌、淹溺》分为三部分内容。第一部分　灼烫伤，是针对防止作业人员火焰烧伤、高温物体烫伤、化学灼伤、物理灼伤等事故发生而编写的，内容包括应知应会、灼烫伤防控、灼烫伤应急处置、灼烫伤典型案例；第二部分　坍塌，是针对防止土方坍塌、模板坍塌、脚手架坍塌、拆除工程坍塌、建筑物及构筑物坍塌等事故发生而编写的，内容包括应知应会、坍塌事故防控、坍塌事故应急处置、坍塌事故典型案例；第三部分　淹溺，是针对在冷却水塔、水井、水池、水坝等场所作业时，防止作业人员不慎失控落水发生溺水事故而编写的，内容包括应知应会、淹溺事故防控、淹溺事故应急处置。本教材是以培训电力行业一线员工的安全素质为目的，采用图文并茂形式，如临现场、生动活泼、实用性强、通俗易懂、贴近一线作业现场。

本教材可作为电力行业一线工作人员、安全生产管理人员、安全监理人员的培训教材，也可作为大专院校安全专业课程的参考资料。

图书在版编目（CIP）数据

电力人身事故防控及案例警示教材.灼烫伤、坍塌、淹溺 / 白泽光编著 . —北京：中国电力出版社，2016.5
ISBN 978-7-5123-9268-7

Ⅰ.①电…　Ⅱ.①白…　Ⅲ.①火电厂–伤亡事故–事故预防–中国–教材②火电厂–伤亡事故–案例–中国–教材　Ⅳ.①TM621

中国版本图书馆CIP数据核字（2016）第088880号

中国电力出版社出版、发行
（北京市东城区北京站西街 19 号　100005　http://www.cepp.sgcc.com.cn）
北京九天众诚印刷有限公司印刷
各地新华书店经售

*

2016 年 5 月第一版　　2016 年 5 月北京第一次印刷
787 毫米 × 1092 毫米　32 开本　7.5 印张　125 千字
印数 0001—3000 册　　定价 35.00 元

前言

　　安全是企业生存的永恒主题，安全管理的重点是人身安全，防控人身安全的抓手在生产现场，只有辨识并控制住生产现场的危险因素，才能保证作业全过程中的人身安全。随着人们对人身安全的高度重视，"以人为本、生命至上、本质安全"的理念已深入人心，成为社会共识。

　　做好人身安全工作最重要的是加强安全素质建设，提高员工的安全意识和素质。安全素质建设是安全生产的根之所系、脉之所维。

　　《电力人身事故防控及案例警示教材》就是基于这种情况精心编写的，本教材是针对电力行业生产现场作业中的人身安全，总结电力行业积累的现场实际经验，以培训员工安全素质为目的，以生产现场一线为抓手，以防控人身安全为重点，以控制和消除现场的不安全因素为手段，以事故案例为警示，按照事故类别的特点编写成使员工喜闻乐见、通俗易懂、深入浅出和图文并茂的安全培训教材。相信本系列教材定会提高读者的安全素

质，使读者掌握人身安全的防控方法及事故后的现场应急处置方案。

本系列教材包括：高处坠落；起重伤害；触电；火灾爆炸和中毒窒息；物体打击和机械伤害；灼烫伤、坍塌、淹溺；厂内车辆伤害。

《灼烫伤、坍塌、淹溺》分为三部分内容。第一部分 灼烫伤，是针对防止工作人员火焰烧伤、高温物体烫伤、化学灼伤、物理灼伤等事故发生而编写的，内容包括应知应会、灼烫伤防控、灼烫伤应急处置、灼烫伤典型案例；第二部分 坍塌，是针对防止土方坍塌、模板坍塌、脚手架坍塌、拆除工程坍塌、建筑物及构筑物坍塌等事故发生而编写的，内容包括应知应会、坍塌事故防控、坍塌事故应急处置、坍塌事故典型案例；第三部分 淹溺，是针对在冷却水塔、水井、水池、水坝等场所作业时，防止作业人员不慎失控落水发生溺水事故而编写的，内容包括应知应会、淹溺事故防控、淹溺事故应急处置。

本教材为电力生产现场提供了内容丰富、系统全面、切合实际的培训资料和实用性手册，具有如临现场、生动活泼、实用性强、通俗易懂、贴近实战等特点，可作为电力行业一线员工、安全生产管理人员、安全监理人员必备的培训教材，也可作为相关院校安全专业课程的参考资料。

  大唐国际发电有限公司对本教材的出版给予了大力支持，在此特别感谢张瑞兵、孙亚林、田新利、滕生平等专家。本教材漫画由黄克贤、王兴成、李斌等绘制。

  由于编者水平有限，书中如有不妥之处，恳请读者提出宝贵意见和建议。

编者

2016 年 5 月

前言

第一部分　灼烫伤

第二部分　坍塌

灼烫伤、坍塌、淹溺

第三部分　淹溺

第九章　应知应会 / 160

第十章　淹溺事故防控 / 185

第十一章　淹溺事故应急处置 / 215

第一部分

灼烫伤

第一章

应知应会

第一节　概述

灼烫伤是指火焰烧伤、高温物体烫伤、化学灼伤、物理灼伤。不包括电灼伤和火灾引起的烧伤。其中，灼伤是指由于热力或化学物质作用于身体引起局部组织的损伤，并通过受损的皮肤、黏膜组织导致全身病理生理改变，有些化学物质还可以被从创面吸收，引起全身中毒的病理过程。烫伤是指由高温液体（如沸水、热油等）、高温固体（如烧热的金属等）或高温蒸汽等所致的损伤。

（1）火焰烧伤。人体接触火焰及热辐射引起的烧伤。如果皮肤若维持在温度 66℃以上或受到辐射热 3 W/cm² 以上，仅须 1 s 即可造成烧伤。所以，火焰温度及辐射热可能会导致致命伤害，如图 1-1 所示。

图1-1　火焰烧伤

图1-2　高温物体烫伤

（2）高温物体烫伤。人体接触高温物体引起的烫伤。例如，蒸汽、热水等引起的烫伤，如图1-2所示。

（3）化学灼伤。人体接触化学物质引起的损伤。例如，酸、碱、盐或有机物等引起的灼伤，如图1-3所示。

图1-3　化学灼伤

（4）物理灼伤。人体接触过高温度引起的损伤。例如，光能、放射性物质等引起的灼伤。

第二节　灼烫伤程度

灼烫伤的损伤程度是根据灼烫伤的部位、面积大小和

灼烫伤

灼烫伤的深浅度来判断。灼烫伤在头面部,或虽不在头面部,但灼烫伤面积大、深度深的均属于严重者。例如,被化学物质灼伤的皮肤表面会出现脓肿、变色、流液;伤及皮肤组织的严重者会影响内脏器官;对于大面积烧伤者,因剧痛及大量血液渗出创面,会引起感染,严重者会导致休克和败血症等。

一、灼烫伤程度的因素

(1)人接触时间长短。接触的时间长,受伤就重;接触的时间短,受伤就轻。

(2)人接触能量大小。接触能量大,受伤就大;接触能量小,受伤就小。

(3)能量集中程度。能量越集中,受伤越严重。

二、灼烫伤程度的分级

按照对人体灼烫伤的严重程度分为Ⅰ度、Ⅱ度、Ⅲ度、Ⅳ度、Ⅴ度、Ⅵ度。其中,Ⅱ度又分为浅Ⅱ度、深Ⅱ度。见表1-1。

表1-1 灼烫伤程度的分级

级别	灼烫伤部位	症状	治疗
Ⅰ度	表皮浅层	患处皮肤发红,疼痛不剧烈	可自然愈合,无疤痕

续表

级别	灼烫伤部位	症状	治疗
浅Ⅱ度	表皮和真皮上1/3	患处红肿起水泡,可有剧烈疼痛和灼热感	可自然愈合,无疤痕或轻微疤痕
深Ⅱ度	表皮和真皮深部	患处发红,起白色大水泡,因为神经末梢部分受损,疼痛较浅二度要轻	可自然愈合,会留下疤痕
Ⅲ度	全部皮肤损伤	患处呈皮革状黑色焦痂或苍白,可有流液现象	大部分神经末梢损坏,此类灼伤者经常无患处疼痛感
Ⅳ度	皮下组织、肌肉甚至骨骼损伤	—	可导致截肢
Ⅴ度	大部分皮下组织被烧焦,暴露出肌肉组织	—	有时会致命
Ⅵ度	几乎所有肌肉纤维消失,骨骼被烧焦	—	通常是致命的

第三节　防止灼烫伤事故措施

灼烫伤属于常见的事故之一,其原因大都是由于高温蒸汽或热水泄漏、误触热源或火源、误触化学药品等因素所致,为防止此类事故的发生,制定以下安全技术措施。

灼烫伤

一、防止灼烫伤原则

（1）防止能量积蓄。例如，防止压力容器超温超压，控制爆炸性气体的浓度。

（2）控制能量释放。例如，压力容器安装安全阀，安全阀应定期校验和排汽试验。

（3）开辟释放能量渠道。例如，使用接地线，锅炉、制粉系统加装防爆门等。

（4）人与设备之间设屏蔽。例如，接触带电设备穿绝缘鞋、戴绝缘手套等。

（5）人与能源之间设屏蔽。例如，安装防火门、密闭门等。

（6）提高防护标准。例如，采用双重绝缘工具、低电压回路等。

（7）延长能量释放时间。例如，锅炉检修应等到冷却后再作业。

（8）距离防护。采用遥控方法使人员远离释放能量的地点。

二、防止灼烫伤措施

1. 防止热源烫伤措施

（1）锅炉上水或起停时，操作空气门及给水门的人员不准擅自离开，以免发生汽水烫伤。

（2）观察锅炉燃烧情况时，须戴防护眼睛或用有色玻璃遮着眼睛。

图1-4 严禁正对热源

（3）工作人员站立位置不得正对灼烫源，以防热源喷出伤人，如图1-4所示。

（4）设备运行中不准对水压部件进行焊接，捻缝、紧螺丝等工作。

（5）在有压力、温度的容器检修时，必须将该容器隔绝，放尽容器内余汽余水且压力到零（有条件可打开对空排汽进行鉴定），待容器内温度降至50 ℃以下方可进入容器内工作。

（6）如果压力容器有2台及以上并列运行的，如放水门接在同一母管上时，应做好防止运行的压力容器放水门突然打开，汽水倒灌的事故现象，必要时待检修的压力容器余汽、余水放尽，压力到零后，再关闭该容器放水门。

（7）热交换器检修时，应做好设备与系统的有效隔离，在松开法兰螺丝时要特别小心，避免正对法兰站立，以防有水汽冲出伤人。

（8）检修带高温设备时，应待设备冷却后再作业；必须抢修时，应戴手套和穿专用防护服。

（9）冲洗水位计时，应站在水位计的侧面，缓慢小心打开阀门。

（10）高温管道容器均应有完整的保温层，保温层的表面温度不应超过 50℃。

（11）禁止在工作现场存储汽油、煤油、酒精等易燃易爆物品。

2. 防止打焦灼烫伤措施

（1）打焦工作必须由经专业培训的工作人员进行，不准单人进行打焦工作。

（2）打焦时必须穿好防烫伤工作服和工作鞋，戴好防烫伤手套和专用用具。

（3）当燃烧不稳定或有炉烟外喷时，禁止打焦。

（4）打焦时两旁应无障碍物，以便有炉烟外喷或灰焦冲出时，工作人员可以向两旁躲避。

（5）打焦前应办理工作票，制定危险点分析与预控措施，运行人员应保持燃烧稳定并适当提高炉膛负压，在运行操作处应有明显的"正在打焦"标示。

（6）打焦时工作人员应站在平台上或地面上，不准站在楼梯上、管子上、栏杆上等地方，工作地点应有良好照明，如图 1-5 所示。

图1-5　锅炉打焦

（7）在结焦严重或有可能大块焦掉落时，应停炉打焦。

（8）打焦时不准用身体顶着工具，以防打伤工作人员。工作人员应站在打焦口的侧面，斜着使用工具，并有人监护。

（9）打焦时炉底冷灰斗周围应设置围栏，以防汽浪伤人，必要时关闭冷灰斗液压关断门，采用定期排渣方式。

（10）打焦过程中，发现炉内变暗，应迅速闪开，以防焦喷出伤人。

（11）打焦的顺序应自上而下进行，不得用水直接向炉内冲焦，以防爆管和蒸汽伤人。

（12）捞渣机周围 10 m 处必须设置安全围栏或安全警戒线，无关人员禁止在捞渣机周围停留。

3.**防止冷灰斗打焦灼烫伤措施**

（1）冷灰斗打焦时应搭设平台，在平台的打焦孔侧方向

灼烫伤

图1-6　冷灰斗打焦作业

要设置避让斜坡通道，现场要有 20 m 以上通畅的安全距离。

（2）在松动捞渣机人孔门螺栓前，先用撑杆抵牢人孔门，用绳索系牢人孔门拉手、撑杆和锁紧螺栓，松开锁紧螺栓后，人站在人孔门侧面用绳索拉开人孔门，以防捞渣机内的焦灰突然崩塌喷出伤人。

（3）现场地面的焦块应及时用水冲洗干净，以减少焦灰的飞扬，如图 1-6 所示。

（4）在冷灰斗打焦过程中，水封水不得停用，捞渣机、碎渣机要正常投运。

（5）在冷灰斗打焦时，如炉内有焦块落下的迹象时，要关闭液压关断门，采用定期排渣方式，以防捞渣机内溅起的汽水伤人。

（6）如有焦块卡涩捞渣机需处理时，必须关闭液压关断门，以防落焦伤人，待捞渣处理工作全部结束后，方可开启液压关断门。

（7）冷灰斗打焦工作结束后，关闭人孔门时，用撑杆抵牢人孔门后，方可拧上紧固螺栓。

4. 防止化学灼伤措施

（1）工作人员必须熟悉操作规程，了解化学药品特性，了解与人体接触可能造成的伤害及处理方法。

（2）从事化学药品工作者，必须按规定穿戴好个人防护用品，使用专用安全工具。

（3）建立健全化学药品管理台账，严格控制药品流失，做好药品领取登记。

（4）酒精灯要用火柴点燃，不许直接接火，以免酒精溢出引燃，酒精灯用完后，用灯帽盖上，忌用口吹灭，如图 1-7 所示。

图1-7　使用酒精灯

（5）使用易燃品和易爆品时，应远离火源，以免发生事故。

（6）用试管加热药品时，管口不准朝向任何人，同时要来回移动试管，使试管受热均匀，以免药品喷出伤人。

（7）任何药品不能触及皮肤，固体药品不准用手抓取，任何药品不能直接闻味，不得入口尝试。

灼烫伤

（8）未经允许，各类药品不得随意掺和或研磨，以免产生有害气体或发生爆炸。

（9）稀释浓硫酸时，应将浓硫酸沿容器壁慢慢注入水中，且不断搅拌。切忌将水倾入浓硫酸中，以免喷出伤人，如图1-8所示。

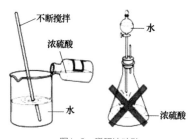

图1-8　稀释浓硫酸

（10）实验时如有毒气、特殊气味或气体产生，应将实验装置置于通风处或移至窗外，演示实验在通风橱内作，以免危害身体。

（11）实验室内严禁饮食、吸烟，实验完毕，必须将手洗净。

（12）倾注试剂或加热液体时，不要俯视容器，以防溅出伤人。

（13）使用玻璃仪器时，要轻拿轻放，以免仪器损坏，药物溅出伤人。

第二章

灼烫伤防控

第一节　概述

　　企业常见的灼烫伤有热焦（渣）烫伤、热水烫伤、蒸汽烫伤、化学灼伤、电灼伤等。存在的主要安全风险：

　　（1）在捞渣机除渣过程中，热焦（渣）外溅烫伤，如图 2-1 所示。

　　（2）锅炉除焦、看火过程中，运行调整不当，热风（粉）喷出烫伤，如图 2-2 所示。

　　（3）大量高温煤灰、灰渣掉落水中，产生蒸汽和烟尘，人员大量吸入引起窒息，如图 2-3 所示。

　　（4）在保温缺损的高温体附近作业时，误触高温体烫伤，如图 2-4 所示。

灼烫伤

图2-1　热焦（渣）外溅烫伤　　　　图2-2　热风（粉）喷出烫伤

图2-3　吸入蒸汽和烟尘　　　　图2-4　高温体烫伤

（5）在高温高压容器（管道）附近作业时，高温蒸汽（水）泄漏烫伤，如图 2-5 所示。

（6）热水井的井盖损坏、缺失或未盖实，人员踏空落井内烫伤，如图 2-6 所示。

（7）动火作业时，焊渣飞溅或接触热工件烫伤，如图 2-7 所示。

（8）配制化学溶液或卸酸（碱）作业时，溶液溅出（溢洒）灼伤，如图 2-8 所示。

图2-5　高温蒸汽（水）烫伤　　　　图2-6　踏空落井烫伤

图2-7　焊渣飞溅烫伤　　　　图2-8　酸溅出灼伤

第二节　个人能力与防护

一、个人能力要求

（1）除灰（焦）人员、热力作业人员必须经专业技能

灼烫伤

培训，符合上岗要求。

（2）电（气）焊人员属于特种作业人员。必须经专业技能培训，取得《特种作业操作证》（焊接与切割作业），如图 2-9 所示。

图2-9　特种作业操作证（焊接与切割作业）

（3）化学试验人员属于特种作业人员。必须经专业技能培训，取得《特种作业操作证》（危险化学品安全作业），如图 2-10 所示。

图2-10　特种作业操作证（危险化学品安全作业）

（4）《特种作业操作证》是由国家安全生产监督管理总局统一印制，各省级安全生产监督管理部门负责本辖区的培训和发证。有效期为 6 年，每 3 年复审一次。

二、个体防护要求

（1）除焦作业人员必须穿好隔热工作服、工作鞋，戴好防烫伤手套、防护面罩。

（2）除灰作业人员必须穿好隔热工作服、长筒靴，戴好手套，并将裤脚套在靴外面。

（3）电（气）焊作业人员必须穿好焊工工作服、焊工防护鞋，戴好工作帽、焊工手套。其中，电焊须戴好焊工面罩，气焊须戴好防护眼镜。

（4）化学作业人员［配制化学溶液、装卸酸（碱）等］必须穿好耐酸（碱）服，戴好橡胶耐酸（碱）手套、防护眼镜（面罩）。必要时戴防毒口罩（含有钠石灰过滤的）和面罩。

（5）个体防护用品必须具有生产许可证、产品合格证。使用时应检查其外观完好、无破损。

三、着装要求

着装要求，如图 2-11 所示。

灼烫伤

(a) (b) (c)

图2-11 着装

（a）除焦（灰）人员；（b）电（气）焊人员；

（c）化学人员

第三节 热焦（渣）烫伤防控

企业常见的热焦（渣）烫伤的主要场所有锅炉除焦（渣）烫伤、检修捞渣机时烫伤、电（气）焊焊渣烫伤。

一、安全作业现场

（1）捞渣机周边应装设固定的防护围栏，挂"当心烫伤"警示牌，如图 2-12 所示。

（2）除焦时，在运行监盘处放上"正在除灰"标示。以提醒运行人员合理调整运行方式，采用降负荷、投油稳燃等手段，使炉膛保持负压稳定运行，如图 2-13 所示。

图2-12　捞渣机周边设围栏

图2-13　除焦时CRT设标示

（3）除焦（渣）作业现场应有人员撤离通道，并选好炉风（粉）喷出、灰焦冲出时的躲避点。

（4）检修捞渣机时，必须关闭液压关断门。

（5）灰渣门应装设机械开闭装置。

（6）循环流化床锅炉的外置床事故排渣口周围必须设置固定围栏。

图2-14　焊接区域设专人看护

（7）电（气）焊作业面应铺设防火隔离毯，作业区域下方设置警戒线，并设专人看护，如图 2-14 所示。

（8）作业现场照明必须充足。

二、安全作业行为

（1）锅炉运行时，严禁打开任何门孔。不得在锅炉人孔门、炉膛连接的膨胀节处长时间停留。

（2）观察锅炉燃烧情况时，必须佩戴防护眼镜或用有色玻璃遮盖眼睛。

（3）严禁站在锅炉看火门、检查门或燃烧器检查孔的正对面，以防火焰喷出伤人。

（4）吹灰时，严禁打开检查孔观察燃烧情况。

（5）遇锅炉结焦严重时，必须降低锅炉负荷，减少灰渣量。

（6）除焦时，原则上应停炉进行。确需不停炉除焦（渣）时，应设置警戒区域，挂上安全警示牌，设专人监护，如图2-15所示。

（7）开启锅炉看火门、检查门、灰渣门时，人应站在门后，并选好向两旁躲避退路，如图2-16所示。

图2-15 除焦设警戒区域

图2-16 站在门后开门

第二章
灼烫伤防控

（8）除焦（灰）时，人员应站在平台或地面上，严禁站在楼梯、管子上或栏杆上等，如图2-17所示。

（9）遇有燃烧不稳或有炉烟向外喷出时，严禁除焦作业，如图2-18所示。

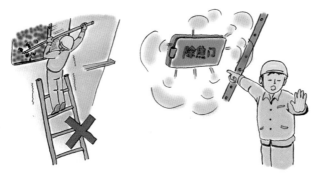

图2-17 严禁站在梯上除焦　　　图2-18 炉烟喷出时严禁除焦

（10）除焦（渣）作业以2人一组为宜，轮换进行。严禁1人除焦作业。

（11）停炉用水力除焦时，应做好防止烫伤的措施。

（12）进入炉内人工除焦时，应做好防止高空掉焦和渣井坍塌的措施。

（13）不停炉检修干渣机时，作业人员应戴空气呼吸器，防止烫伤。

（14）不停炉检修捞渣机时，应控制好检修时间，以防灰渣大量堆积。停炉检修捞渣机时，应做好防止烫伤措施。

灼烫伤

（15）制粉设备内部有煤粉空气混合物流动时，严禁打开检查门。

（16）锅炉燃烧不稳定或有烟灰向外喷出时，严禁除灰。

（17）放灰时，在除灰设备和排灰沟附近严禁作业或逗留。

（18）开启灰渣门前，应先用水浇透灰渣，缓慢开门，以防灰渣突然冲出。严禁出红灰。

（19）捣碎灰渣斗内的渣块时，作业人员应站在灰渣门的一侧，斜着使用工具。不得正对灰渣门。

（20）放入灰车内的灰渣未完全熄灭时，应用水浇灭。不得推运未熄灭的灰渣。

（21）浇灭灰车中的灰渣时，人应站在距灰车 1.5 ～ 2 m 以外位置，以免被灰渣和蒸汽烫伤。

（22）用水冷却排渣灰堆时，应采取从外到里逐步冷却方法，严禁直接将水冲入灰堆。

（23）从锅炉烟道下部放灰时，人应站在灰斗挡板侧边缓慢打开。必要时先向热灰浇水。

（24）炉排漏煤时，应缓慢打开漏煤斗挡板，当发现有红煤冲下时，应用水浇灭。

（25）查液态除渣的出渣口时，作业人员应戴有色防护眼镜，避开通渣孔正面。当产生氢爆时，应把水源切断，放尽存水。

（26）循环流化床锅炉事故排渣时，必须设专人监护，放出的渣料应冷却至常温后，方可清理。

（27）清扫烟道时，应先清除烟道内未完全燃烧的堆积燃料。

（28）清扫空气预热器上部时，下部不得有人；清扫下部时，应做好防止灰尘落下烫伤的措施。

（29）煤（粉）仓内有燃着或冒烟的煤（粉）时，严禁入内。

（30）严禁在运行中的汽、水、燃油管道法兰盘、阀门附近长时间停留。

（31）严禁在运行中的煤粉系统和锅炉烟道人孔及检查孔和防爆门、安全门附近长时间停留。

（32）严禁在运行中的除氧器、热交换器、汽包水位计以及捞渣机等处长时间停留。

（33）焊工作业的安全要求：

1）焊工必须穿好个体防护用品，佩戴防护面罩，防护用品上不得沾有油、脂等。

2）焊（割）把与气带必须用喉箍固定牢固，防止气带脱落，如图2-19所示。

图2-19 焊（割）把

灼烫伤

3）采用电弧气割清除焊渣时，应戴防护眼镜或面罩，防止铁渣飞溅伤人。

4）严禁用手搬动刚焊（割）后的工件。

5）严禁在带压力的容器或管道上施焊。

6）严禁在未清理干净的容器或管道内的介质前施焊。

7）更换焊条必须戴手套。

第四节　热水（蒸汽）烫伤防控

企业常见的热水、蒸汽烫伤的主要场所有高温高压管道、热交换器、热水井等。

图2-20　进汽阀门加锁

一、安全作业现场

（1）汽轮机各疏水出口处，应装设保护遮盖装置。

（2）热交换器检修时，必须关闭相连接的进汽（水）阀门并加锁链，打开疏水门，放尽余汽（水），如图2-20所示。

（3）更换或补焊热力管道

时，必须关闭管道两侧阀门，打开疏水门，放尽余汽（水），如图 2-21 所示。

（4）更换或检修水泵时，必须关闭出入口阀门，并在阀门处挂安全警示牌，如图 2-22 所示。

图2-21　关闭管道两侧阀门　　　　图2-22　关闭水泵阀门

（5）蒸汽（热水）阀门泄漏或管道保温缺损时，必须设警戒区域，挂安全警示牌，如图 2-23 所示。

（6）热水井应设有井台，高度不低于 0.5 m。若不符合要求时应在井盖上加锁。当井盖掀开时，必须装设牢固的防护围栏，挂上安全警示牌，如图 2-24 所示。

图2-23　保温缺损设警戒区域　　　　图2-24　热水井设井台

灼烫伤

（7）汽、水取样点照明应充足。

二、安全作业行为

（1）开启灼烫源检查门时，人应站在门后，并观察好向两旁躲避的退路。

（2）检修带高温设备时，应待设备冷却后再作业；必须抢修时，应戴手套和穿专用防护服。

（3）用手确认热体温度时，应用手背触碰。

（4）锅炉运行中，不得带压对承压部件进行焊接、捻缝、紧螺丝等作业。

（5）热紧锅炉法兰、人孔、手孔等处螺丝时，应由专业人员操作，使用标准扳手。严禁将扳手的手把接长。

（6）锅炉水压试验时，应在空气门、给水门处设专人看护，以免水满烫伤他人。

（7）锅炉进行 1.25 倍工作压力的超压试验时，在保持试验压力时间内不得进行任何检查。

（8）双色水位计不得做超压试验，防止玻璃碎裂伤人。

（9）校验安全门时，应保证运行人员与检修人员通信畅通，并设专人指挥。严禁在待校验的安全门附近站人。

（10）安全门不启座时，严禁用敲打阀门的方法助力启座。

（11）封闭式锅炉校验安全门时，应打开窗户通风，防止蒸汽外漏烫伤人。

（12）严禁在有压力的管道上进行检修。

（13）热交换器内有人作业时，应打开人孔门，外面设专人监护，如图 2-25 所示。

（14）严禁在高温高压容器、管道、安全门附近长期逗留，如图 2-26 所示。

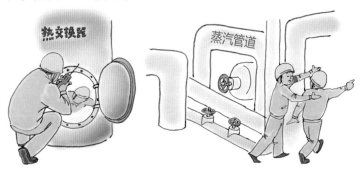

图2-25　容器外设专人监护　　　图2-26　严禁在蒸汽管道附近逗留

（15）拧松法兰盘螺丝时，人应站在法兰盘侧面，严禁正对法兰盘。

（16）松开法兰螺丝时，应先松远端螺丝再松近端螺丝，在螺丝全部松动后，确认热力管道无压力、无汽水残留时，方可摘除螺丝。

（17）拆除堵板时，必须先将堵板的另一侧积存的汽（水）放尽。

图2-27 泄漏处设警戒区域

（18）检修蒸汽（热水）管道前，必须打开管段疏水门。必要时可采用松开疏水门法兰的方法，确认管道内无压力或存水。

（19）当过热蒸汽管道有外漏异常声音时，不得盲目行走，必须在周边设置警戒区域，如图 2-27 所示。

（20）冲洗水位计时，人应站在水位计侧面，操作阀门时应缓慢小心。

（21）汽、水取样时，操作人应戴好手套，先开启冷却水门，再开启取样管的汽水门，使样品温度保持在30℃以下。

（22）高温汽水样品必须通过冷却装置降温后取样，应保持冷却水管畅通和冷却水量充足。

第五节　化学灼伤防控

企业常见的化学灼伤的主要场所有配制化学溶液、加药、酸洗、卸酸（碱）等。

一、安全作业现场

（1）酸（碱）罐周围应设不低于 15 cm 的围堰及不低于 100 cm 的围栏，并挂安全警示牌，如图 2-28 所示。

（2）酸（碱）罐的玻璃液位管应装设金属防护罩，并挂安全警示牌，如图 2-29 所示。

图2-28　酸（碱）罐周围设围栏

图2-29　玻璃液位管设金属罩

（3）酸（碱）贮藏槽的槽口必须装设槽盖、防护围栏，并挂安全警示牌。

（4）地下或半地下酸（碱）罐的顶部必须有明显标识，盖板上不得站人，如图 2-30 所示。

图2-30　地下酸罐顶部应有标识

灼烫伤

（5）化学实验室、配药间、卸酸（碱）场所必须装设机械排风装置、淋浴喷头、洗眼装置、冲洗及排水设施，如图 2-31 所示。

图2-31　化学场所设施

（6）在酸洗作业场所应配备足够量的石灰粉，如图 2-32 所示。

（7）化学实验室必须配备中和用药、急救药箱、毛巾、肥皂等，如图 2-33 所示。

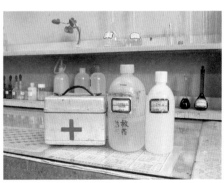

图2-32　石灰粉　　　　　图2-33　急救药箱

二、安全作业行为

（1）酸（碱）作业人员必须佩戴专用口罩、橡胶手套及防护眼镜，穿橡胶围裙及长筒胶靴，裤脚应放在靴外，如图 2-34 所示。

（2）吸取酸碱性、有挥发性或刺激性的液体时，应使用滴定管或吸取器。严禁用口含管吸取，如图 2-35 所示。

（3）盛装酸（碱）容器的盖子必须盖紧后搬运，对较重或较大的容器应 2 人以上抬运。严禁 1 人用肩扛、背驮或抱住等方法搬运，如图 2-36 所示。

图2-34　酸（碱）人员　　图2-35　严禁用口吸液体　　图2-36　严禁1人搬运
　　　　着装

（4）配制化学溶液时，必须使用吸取器。不得用酸（碱）瓶直接倾倒液体，如图 2-37 所示。

（5）掀起盛酸（碱）瓶盖时，瓶口不得对人，夏季必须先冷却酸（碱）瓶再操作，如图 2-38 所示。

灼烫伤

（6）配制稀酸时，应将浓酸沿玻璃棒缓慢注入水中，并不断搅拌。严禁将水倒入酸内，如图 2-39 所示。

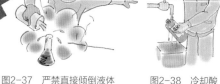

图2-37 严禁直接倾倒液体　　　图2-38 冷却酸　图2-39 严禁将水倒入
　　　　　　　　　　　　　　　　　　（碱）瓶　　　　　酸内

（7）试管加热时，试管口不得对人，刚加热过的玻璃仪器不得接触皮肤及冷水。

（8）蒸馏易挥发和易燃液体时，应采用热水浴法或其他适当方法。严禁用火焰加热方法。

（9）用烧杯加热液体时，液体的高度不应超过烧杯的 2/3。

（10）开启强碱容器和溶解强碱时，应戴橡胶手套、口罩和眼镜，并用专用工具。

（11）打碎大块强碱时，应先用废布包住，细块不应飞出。

（12）从酸槽或酸储存箱中取出酸液时，应采用负压抽吸、泵输送或自流方式输送。

（13）在室内用酸瓶倒酸时，下面应放置较大的耐腐蚀盆（玻璃盆或陶瓷盆）。

（14）严禁使用破碎的或不完整的玻璃器皿作化学试验。

（15）酸碱槽车用压缩空气顶压卸车时，压力不得超过槽车允许压力。严禁在带压下泄压操作。严禁在无送气门、空气门和不准承压的槽车上用压缩空气顶压卸车。

（16）当浓酸倾撒在地面上时，应先用碱中和，再用水冲洗；或先用土吸收，扫除后再用水冲洗，如图2-40所示。

图2-40　用碱中和浓酸

（17）拆卸酸碱等强腐蚀性设备时，必须先泄掉设备内部压力，防止酸碱喷出伤人。

（18）搬运和使用氨水、联氨时，必须放在密封容器内，不得与人体直接接触。撒落在地面上应立即用水冲刷干净。

（19）氢氟酸应装在聚乙烯或硬橡胶容器内，桶盖密封。严禁放在阳光下暴晒。

（20）水处理设备泄漏时，不得直接用手触摸泄漏点。

灼烫伤

图2-41　用水冲洗

（21）参加氢氟酸系统作业人员，工作结束后必须冲洗头面和身体各部。

（22）皮肤溅上氢氟酸液，应用清水冲洗后涂可的松软膏，眼睛内溅入酸液应用清水冲洗后滴氢化可的松眼药水。

（23）当浓酸溅到眼睛内或皮肤上时，应先用清水冲洗，再用0.5%的碳酸氢钠溶液清洗。

（24）当强碱溅到眼睛内或皮肤上时，应先用清水冲洗，再用2%的稀硼酸溶液清洗眼睛或用1%的醋酸清洗皮肤。

（25）当浓酸溅到衣服上时，应先用水冲洗，然后用2%稀碱液中和，最后再用水清洗，如图2-41所示。

第三章

灼烫伤应急处置

灼烫伤应急处置是针对火焰烧伤、高温物体烫伤、化学灼伤、物理灼伤等人员伤害事件而制定的现场应急处置方案。主要内容有：事件特征、现场应急处置程序、现场应急处置措施、事件报告、注意事项等。

一、事件特征

1. 危险性分析

下列事件均有可能造成灼烫伤事故：

（1）机炉外管、压力容器爆破，高温、高压蒸汽泄漏；

（2）压力容器检修时，高温、高压蒸汽喷出；

（3）操作不当造成高温、高压蒸汽泄漏；

（4）设备检修的现场安全措施不完备；

（5）热水井、热水池等安全防护设施不完备或没有防护设施；

（6）运行中的高温、高压设备或管道突然泄漏；

（7）危险化学品管理不善或操作不当。

2.事件类型

（1）火焰烧伤；

（2）高温物体烫伤；

（3）化学灼伤；

（4）物理灼伤。

3.事件可能发生的地点和装置

（1）运行中的高温、高压设备及管道；

（2）热水井、热水池；

（3）锅炉本体的人孔门、看火孔，炉底水封；

（4）汽包、连排扩容器、除氧器、加热器等高温、高压容器的就地水位计和人孔门；

（5）锅炉系统的热风设备及管道；

（6）贮存和使用强酸、强碱、生石灰等化学原料的设备；

（7）动火作业的检修现场。

4.事件可能造成的危害

灼烫伤会造成人体局部组织损伤，轻者损伤皮肤，引起肿胀、水泡、疼痛；重者皮肤烧焦，甚至血管、神经、肌腱等同时受损，呼吸道也可烧伤。烧伤引起的剧痛和皮肤渗出等因素可导致休克，晚期可出现感染、败血症等并发症而危及生命。

5. 事前可能出现的征兆

（1）高温设备及管道无保温层；

（2）检修高温管道容器截门时，未采取安全措施或措施不完备，未按规定配备防护服；

（3）有明显的尖锐噪声，现场附近有明显灼热感；

（4）高温、高压蒸汽设备或管道泄漏；

（5）在热水井或热水池工作时，未采取有效防护；

（6）从事化学药品工作时，误操作或未防护。

二、现场应急处置程序

现场应急处置程序如图 3-1 所示。

（1）事件发生后，现场人员应立即进行施救，及时将伤者脱离危险区域，并报告应急指挥组。说明事件发生地点、事件的严重程度和影响范围，已采取控制措施和有效性。

（2）应急指挥组接到通知后，判断现场警情，确定响应级别。

（3）启动现场应急处置程序，召集相关专业人员，调配应急资源，迅速赶往事发现场。

（4）根据现场实际情况合理组织抢救工作，保证施救

灼烫伤

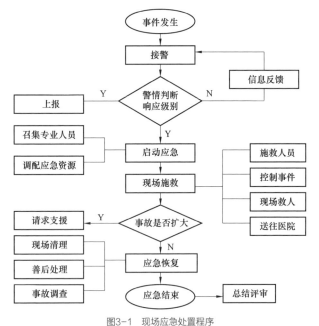

图3-1 现场应急处置程序

人员的安全,并确定是否请求支援。

（5）根据伤者的伤情,确定是否拨打"120"急救电话,并做好送往医院的准备工作。

（6）如果事件进一步扩大,且超出本单位应急处置能力时,应向当地政府有关部门及上级主管单位请求支援。

（7）做好应急恢复的各项工作,主要包括现场清理、善后处理、事件调查等。

（8）应急结束,总结评审。

三、现场应急处置措施

1. 火焰烧伤的急救

（1）衣服着火时，应迅速脱去燃烧的衣服，或就地打滚压灭火焰，或用水浇或用衣被等物扑盖灭火。切忌站立喊叫或奔跑呼救，以防增加头面部及呼吸道损伤。如图 3-2 所示。

图3-2　衣服着火

（2）当固体油起火时，应采取数层湿布覆盖的灭火方法，如图 3-3 所示。

（3）对中小面积的四肢烧伤者，应将烧伤处浸泡冷水中或冷敷，以减轻痛苦，如图 3-4 所示。

（4）对烧伤处临时包扎时，包扎材料必须洁净无菌，以防止感染，如图 3-5 所示。

（5）烧烫伤伤口严禁用生冷水冲洗或浸泡伤口，以防热毒内浸，造成肌肤溃烂，留下疤痕。

图3-3　用数层湿布覆盖灭火

图3-4　四肢烧伤浸泡冷水中

图3-5　包扎烧伤处

2. 热液（水、汽等）烫伤的急救

（1）被热液烫伤时，应立即将戒指和眼镜等饰品取下，并用凉水彻底冷却。如果不及时取下，待皮肤肿大后就有可能取不下来了。

（2）烫伤时冷却是最重要的，轻度的烫伤也需冷却几分钟，严重烫伤时要冷却 30 min。在充分冷却后，用干净的布包好伤处并接受治疗。

（3）用流水冷却。但是，注意水压要适中，如果水压大，皮肤有剥落的危险。这时应在患部稍偏上方冲洗或是包上布冲洗。充分冷却后，用消毒纱布或是创可贴盖住患部，如图 3–6 所示。

（4）有衣服的部位烫伤时，应立即将被热液浸湿的衣服和饰物脱去，如果衣服与皮肤粘连，不得强行脱衣，应先用冷却水冲浇衣服，冷却后再剪开或脱去衣服。以免扩大烫伤表皮，如图 3–7 所示。

图3-6　用流水冷却　　　　　图3-7　用水冲浇衣服冷却

（5）脚等部位烫伤时，可在桶（盆）中装入冰水冷却，如图 3–8 所示。

（6）如果面部灼烫时，可用脸盆盛满水将脸部浸在水里洗，或用湿毛巾捂在脸部 15 min 冷敷，湿毛巾要更换数次，如图 3–9 所示。

灼烫伤

用湿毛巾捂在
脸部15 min

图3-8 冰水冷却脚烫伤 　　　　图3-9 用湿毛巾冷敷

（7）如果烫伤处出现水泡，为使患部不留下痕迹，不要自己碰破水肿泡等，要按医生的要求做。

（8）在医生诊断前，不准涂抹任何药膏，以免引起细菌感染。

3. 化学灼伤的急救

（1）皮肤沾上化学药品的处理方法：

1）当皮肤沾上化学药品时，应立即移离现场，脱去受污染的衣裤、鞋袜等，用大量流动的清水冲洗创面 20~30 min，强烈的化学药品要更长，去除创面上的化学物质，如图 3-10 所示。

2）如果被生石灰烧伤，应先擦尽生石灰粉粒，再用水冲洗，以免生石灰遇水产热，加重烧伤。

3）冲洗完毕后，擦净水分，将患部用干净的布盖住找医生治疗。

（2）眼中进入化学药品的处理方法：

1）当眼中进入化学药品时，绝对不能揉眼睛，要立即用自来水冲洗。这时，一定要注意使进入化学药品的眼睛在下面，防止冲洗过的水流进另外一只眼睛。冲洗眼睛时只用水，不能把眼药点入眼内。充分冲洗后立即到眼科治疗，如图3-11所示。

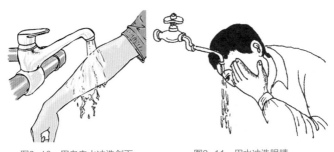

图3-10 用自来水冲洗创面   图3-11   用水冲洗眼睛

2）如果现场若无冲洗设备，可将头埋入清洁盆水中，掰开眼皮，让眼球来回转动进行洗涤。

3）如果电石、生石灰颗粒溅入眼内，应先用蘸石蜡油或植物油的棉签去除颗粒后，再用清水冲洗。注意，严禁揉眼睛或点眼药水。

（3）如果被强酸或强碱烧伤，应立即脱掉衣服，用冷水冲洗患处30 min以上，冲洗干净并擦净水分后，再用消

灼烫伤

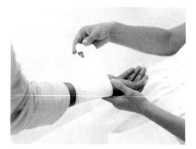

图3-12　用纱布包扎

图3-13　用冷水冲洗或浸泡

毒纱布盖住患部，到医院治疗。不得采用酸或碱中和的方法来处理，如图3-12所示。

（4）注意有的化学药品沾水后会发热。

4. 冷疗

冷疗，不但可以减少创面余热对沿有活力的组织继续损伤，而且可以降低创面的组织代谢，使局部血管收缩、渗出减少，减轻创面水肿程度，并有良好的止痛作用。在伤者可耐受的前提下，温度越低越好，常可用15 ℃左右自来水、井水或加入冰块的冷水冲洗或浸泡，时间尽量不少于30 min，如图 3-13 所示。

5. 烧伤创面的保护

（1）忌涂有颜色药物，以免影响对烧伤程度的观察。

（2）忌涂油膏，以免增加入院后清创的困难。

（3）保留水泡皮，也不要撕去腐皮，在现场可用干净敷料或布类保护创面，避免运送途中不再污染和损伤。

6. 疼痛和躁动

烧伤者多有不同程度的疼痛和躁动，应尽量减少镇静止痛药物的应用，防止掩盖病情变化，还应考虑有休克因素，如图 3–14 所示。

图3-14　少用止痛药物

7. 气道吸入性损伤

气道吸入性损伤的治疗应于现场即开始，保持呼吸通畅，解除气道梗阻，不能等待诊断明确后再进行。伴有面、颈部烧伤的患者，在救治时要防止再损伤。

8. 禁止大量饮水

对烫伤严重者应禁止大量饮水，以防休克。口渴严重时可饮盐水，以减少皮肤渗出，有利于预防休克。

四、事件报告

（1）事发现场的工作人员要向本单位领导简要汇报情

灼烫伤

况。在事故调查中，现场工作人员应积极配合上级安监部门或事故调查组的调查和询问。

（2）事故单位领导与安全主管，要以书面形式向上级安监部门汇报事故的经过及今后的防范措施。

（3）事故扩大时，由企业主管领导向上级主管单位汇报事故信息，如果发生重伤、死亡、重大死亡事故时，还应立即报告当地人民政府的安全监察部门、公安部门、人民检察院、工会等，最迟不超过 1 h。

（4）事件报告要求，事件信息准确完整、事件内容描述清晰。

（5）事故报告的主要内容，事故发生时间、事故发生地点、事故性质、先期处理情况等。

五、注意事项

（1）事故处理基本原则。事故发生时，要严格按照"四不放过"的原则进行处理，防止同类事故重复发生。

1）事故原因未查清不放过；

2）责任人员未受到处理不放过；

3）事故责任人和周围群众没有受到教育不放过；

4）事故制定的切实可行的整改措施未落实不放过。

（2）当热力系统或设备发生泄漏时，现场人员应先将相关系统或设备隔离后，再将伤者脱离危险区域，以防伤害施救人员。

（3）烫伤处理要点。立即冷却患部、避免患部受到感染、立即接受适当治疗。

（4）不管是烧伤或烫伤，创面严禁用红汞、碘酒、紫药水等涂抹。如烫伤或烧伤严重，不可使用烫伤药膏或其他油剂，不可刺穿水疱，更不要用脏布包裹。

（5）火焰烧伤或高温气、水烫伤均应保持伤口清洁。伤者的衣服靴袜用剪刀剪开后除去。伤口全部用清洁布片覆盖，防止污染。四肢烧伤时，先用清洁冷却水冲洗，然后用清洁布片或消毒纱布覆盖，如图3-15所示。

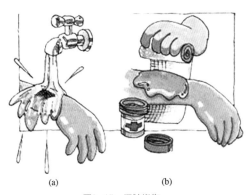

(a)   (b)

图3-15　四肢烧伤
（a）用冷水冲洗伤口；（b）用消毒纱布覆盖伤口

灼烫伤

（6）局部冷却后对创面覆盖包扎。包扎时要稍加压力，紧贴创面，包扎时范围要大一些，防止污染伤口。注意保持呼吸道畅通。注意及时对休克伤员抢救。注意处理其他严重损伤，如止血、骨折固定等。在救护的同时迅速转送医院治疗。

（7）在现场简单急救的同时，应及时联系将患者送往医院。护送者应向医院提供烧伤的原因、化学品的名称等，如化学物质不明，则要带该物料或呕吐物的样品，以供医院检测。

第四章

灼烫伤典型案例

【案例1】锅炉灭火放炮　投油人员被烧

某厂锅炉燃烧不稳灭火，未切除燃料，炉膛爆燃，将一运行人员严重烧伤，导致死亡。

【简要经过】

某年5月2日夜，某厂锅炉燃烧不稳，锅炉灭火，MFT（锅炉灭火保护）未动作，运行人员也未及时切除燃料，炉膛发生爆燃，风粉混合物大量从爆裂处喷出，将就地投油的运行人员严重烧伤，抢救无效死亡。

【原因及暴露问题】

（1）运行人员未及时判断出锅炉已灭火，未及时切断燃料。

（2）MFT未动作。

灼烫伤

【事故图片及示意图】

【知识点】

（1）锅炉灭火，必须迅速切断燃料。

（2）锅炉灭火，必须经过彻底吹扫，方可重新点火。

【制度规定】

（1）《安规》（热机）第 38 条规定："应尽可能避免靠近和长时间地停留在可能受到烫伤的地方，例如：汽、水、燃油管道的法兰盘、阀门、煤粉系统和锅炉烟道的人孔及检查孔和防爆门、安全门、除氧器、热交换器、汽鼓的水位计等处。如因工作需要，必须在这些处所长时间停留时，应做好安全措施"。

（2）《安规》（热机）第 186 条规定："当锅炉发现灭火时，禁止采用关小风门、继续给粉、给油、给气使用爆燃的方法来引火。锅炉灭火后，必须立即停止给粉、给油、给气；只有经过充分通风后，始可重新点火"。

【案例2】热网站蒸汽泄漏　冒然进入被烫死

热网站蒸汽泄漏，一名人员不采取任何措施进入现场，被蒸汽烫伤死亡。

【简要经过】

某年4月9日上午，某厂热网站运行人员检查发现蒸汽联箱一阀门冒汽，立即汇报领导，并安排专人在热网站门外把守。在此期间，一名技术人员冒然进入现场，核查设备缺陷，看护人员未发现，该技术人员被蒸汽烫伤死亡。

【原因及暴露问题】

（1）技术人员安全意识淡薄，在明知现场充满蒸汽情况下，仍强行进入；

（2）看护人员没有发现人员进入，看护不力。

【事故图片及示意图】

灼烫伤

【知识点】

提高作业人员自我防护意识，严禁冒险作业。

【制度规定】

（1）《安规》（热机）第 38 条规定："应尽可能避免靠近和长时间地停留在可能受到烫伤的地方，例如：汽、水、燃油管道的法兰盘、阀门，煤粉系统和锅炉烟道的人孔及检查孔和防爆门、安全门、除氧器、热交换器、汽鼓的水位计等处。如因工作需要，必须在这些处所长时间停留时，应做好安全措施"。

（2）《安规》（热机）第 7 条规定："……任何工作人员发现有危及人身和设备安全者，应立即制止"。

【案例3】水未放尽许可开工　热水喷出3人烫伤

某厂在处理高加泄漏缺陷作业，3 名检修人员在打开人孔门时，热水喷出烫伤。

【简要经过】

某年 8 月 16 日下午，某厂在消除高加泄漏缺陷工作中，在加热器热水未放净的情况下，运行人员许可开工。检修人员打开人孔门时，热水喷出，3 人被严重烫伤。

【原因及暴露问题】

（1）加热器热水未放净，许可开工；

（2）工作负责人未认真就地核实安全措施。

【事故图片及示意图】

【知识点】

（1）工作前，工作许可人会同工作负责人共同到现场对照工作票逐项检查，确认所列安全措施完善和正确执行。

（2）工作前，工作许可人应向工作负责人交代哪些设备带电、有压力、高温、爆炸和触电危险等，双方共同到现场确认，并办理完许可开工手续后，方可开始工作。

【制度规定】

（1）《安规》（热机）第324条规定："在检修以前，为了避免蒸汽或热水进入热交换器，应将热交换器和连接的管道、设备、疏水管和旁路管等可靠地隔断，所有被隔断的阀门应上锁，并挂上警告牌。检修工作负责人应检查上述措施符合要求后，方可开始工作"。

（2）《安规》（热机）第325条规定："检修前必须把热

灼烫伤

交换器内的蒸汽和水放掉,疏水门应打开。在松开法兰螺丝时应当特别小心,避免正对法兰站立,以防有水汽冲出伤人"。

【案例4】办票中允许开工　热水呲出烫伤人

工作负责人在办理工作票过程中,安排厂家人员作业,热水从三通阀阀杆呲出,烫伤人。

【简要经过】

某年1月17日上午,某厂要求厂家人员协助处理高加三通阀缺陷,工作负责人在办理工作票时,安排厂家技术人员开始作业。在与三通阀连接的管道内水未放尽的情况下,厂家人员拆卸三通阀填料,热水从阀杆呲出,烫伤人。

【原因及暴露问题】

严重违章,无票作业,在安全措施未做的情况下,安排厂家人员开始作业。

【事故图片及示意图】

【知识点】

任何作业人员除严重危及人身、设备安全的紧急情况下都无权无票作业。

【制度规定】

（1）《安规》（热机）第70条规定："在生产现场进行检修工作时，为了能保证有安全的工作条件和设备的安全运行，防止发生事故，必须严格执行工作票制度"。

（2）《安规》（热机）第325条规定："检修前必须把热交换器内的蒸汽和水放掉，疏水门应打开。在松开法兰螺丝时应当特别小心，避免正对法兰站立，以防有水汽冲出伤人"。

【案例5】未按票做措施　蒸汽喷出伤人

检修人员在拆开阀门过程中，蒸汽突然喷出，人员严重烫伤。

【简要经过】

某年2月2日下午，某厂进行检修阀门时，运行人员未按照工作票要求将管道前方来汽阀门彻底隔绝，也未将管道疏水门打开。检修人员拆开阀门过程中，蒸汽突然喷出，人员严重烫伤。

【原因及暴露问题】

（1）运行人员未按照工作票要求将阀门彻底隔绝，并

灼烫伤

打开疏水门，便允许开始工作；

（2）工作负责人和运行人员没有共同到现场确认安全措施。

【事故图片及示意图】

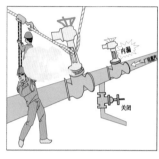

【知识点】

（1）运行人员应按照工作票要求将阀门彻底隔绝，并向工作负责人交代后，方可开始工作；

（2）工作负责人和运行人员应共同到现场确认安全措施落实无误后，方可开始工作。

【制度规定】

（1）《安规》（热机）第 324 条规定："在检修以前，为了避免蒸汽或热水进入热交换器，应将热交换器和连接的管道、设备、疏水管和旁路管等可靠地隔断，所有被隔断的阀门应上锁，并挂上警告牌。检修工作负责人应检查上述措施符合要求后，方可开始工作"。

（2）《安规》（热机）第 325 条规定："检修前必须把热交换器内的蒸汽和水放掉，疏水门应打开。在松开法兰螺丝时应当特别小心，避免正对法兰站立，以防有水汽冲出伤人"。

【案例6】无票进缸作业　进汽险酿大祸

汽机检修 4 人无票进入低压缸内作业，突然进汽，险些酿成重大人身伤亡事故。

【简要经过】

某年 8 月 13 日上午，某厂机组停机消缺，有 4 名检修人员未办理工作票，进入低压缸内工作。运行人员按照工作安排要求给再热器送汽时，蒸汽进入低压缸，险些酿成重大人身伤亡事故。

【原因及暴露问题】

严重违章，无票作业，擅自进入低压缸。

【事故图片及示意图】

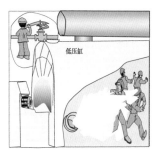

灼烫伤

【知识点】

任何作业人员除严重危及人身、设备安全的紧急情况下都无权无票作业。

【制度规定】

（1）《安规》（热机）第70条规定："在生产现场进行检修工作时，为了能保证有安全的工作条件和设备的安全运行，防止发生事故，必须严格执行工作票制度"。

（2）《安规》（热机）第384条规定："凡在容器、槽箱内进行工作的人员，应根据具体工作性质，事先学习必须注意的事项，工作人员不得少于二人，其中一人在外面监护。在可能发生有害气体的情况下，则工作人员不得少于三人，其中二人在外面监护。监护人应站在能看到或听到容器内工作人员的地方，以便随时进行监护。监护人不准同时担任其他工作"。

【案例7】硫酸泄漏无措施　运行人员被灼伤

某厂一硫酸管道焊口砂眼泄漏，未做安全措施，一运行人员巡回检查时，被呲出的浓硫酸灼伤。

【简要经过】

某厂一硫酸管道焊口砂眼泄漏，泄漏点周围未装设临时围栏和警示牌，也未设专人看守。7月10日4时，现场照明不足，一运行人员巡回检查时，被呲出的浓硫酸灼伤右半面部，用右臂遮挡，右臂也被灼伤。

【原因及暴露问题】

（1）硫酸管泄漏，未装设临时围栏和警示牌，也未设专人看守。

（2）运行人员交接班不清，接班人员不知道硫酸管道有砂眼泄漏。

（3）夜间现场照明不足。

【事故图片及示意图】

【知识点】

存有介质管道泄漏时，应装设临时围栏和警示牌，并设专人看守。

【制度规定】

（1）《安规》（热机）第 426 条规定："……淡酸系统如有泄漏，应用红白带围起，并派人看守，禁止接近……"。

（2）《安规》（热机）第 425 条规定："当浓酸溅到眼睛内或皮肤上时，应迅速用大量的清水冲洗，再以 0.5% 的碳

灼烫伤

酸氢钠溶液清洗。当强碱溅到眼睛内或皮肤上时，应迅速用大量的清水冲洗，再用2%的稀硼酸溶液清洗眼睛或用1%的醋酸清洗皮肤"。

（3）《安规》（热机）第16条规定："生产厂房内外工作场所的常用照明，应该保证足够的亮度"。

【案例8】系统隔绝不严　汽水喷出伤人

【简要经过】

某年5月30日，某厂处理高加排管泄漏缺陷。因系统隔绝不严，从割开的排管口喷出汽水，烫伤焊工。

【原因及暴露问题】

（1）安全措施未真正落实，阀门不严，系统未有效隔离。

（2）开工前，工作负责人、工作许可人未到现场检查安全措施。

【事故图片及示意图】

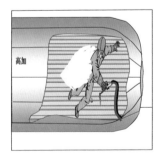

【知识点】

（1）《安规》（热机）第 355 条规定："开始工作前，检修工作负责人必须会同值班人员共同检查，需检修的一段管道确已可靠地与运行中的管道隔断，没有汽、水、油或瓦斯流入的可能"。

（2）《安规》（热机）第 357 条规定："管道检修工作前，检修管段的疏水门必须打开，以防止阀门不严密时漏泄的水或蒸汽积聚在检修的管道内……"。

（3）《安规》（热机）第 77 条规定："检修工作开始以前，工作许可人和工作负责人应共同到现场检查安全措施确已正确地执行，然后在工作票上签字，才允许开始工作。"

【案例9】检查缺陷无措施　掉焦溅水烫伤人

某厂锅炉掉焦量大，一检修人员检查灰沟喷嘴堵缺陷时，炉内突然大量掉焦，导致人员烫伤。

【简要经过】

某年 5 月 24 日晚，某厂锅炉掉焦量大，当检修人员检查灰沟喷嘴堵缺陷情况时，炉内突然大量掉焦，捞渣机水封槽内灰水大量溅出，造成人员严重烫伤。

【原因及暴露问题】

检修人员查看灰沟喷嘴堵缺陷时，未采取防止锅炉掉

灼烫伤

焦、热水溅出伤人的措施。

【事故图片及示意图】

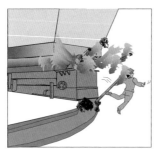

灰沟

【知识点】

在有可能烫伤的现场作业，应采取防止人员烫伤措施，并穿好防烫服。

【制度规定】

《安规》（热机）第 212 条规定："灰渣门两旁应无障碍物，以便必要时工作人员向两旁躲避。"

【案例10】擅装劣质除污器　法兰爆裂烫伤人

某公司运行人员操作换热站供暖系统时，蒸汽管道上的除污器下法兰根部突然爆裂，汽水喷出，三人严重烫伤。

【简要经过】

某年 10 月 27 日，某公司换热站的供暖系统安装结束，未经水压试验就进行调试。11 月 2 日下午停运系统消缺。

11月2日21时,缺陷处理完毕,检修人员通知运行恢复系统,3名运行人员一起到换热站,一人操作,一人监护,一人指导。当操作人微开进汽总阀时,蒸汽管路出现水击现象发生震动和异响,3人迅速躲在水箱后,此时蒸汽管路上的除污器下法兰根部突然爆裂,汽水喷出,3人严重烫伤。

【原因及暴露问题】

（1）施工单位未按图纸施工,擅自在换热机组入口的蒸汽立管上安装了除污器。

（2）除污器法兰根部焊接质量差,存在气孔、夹砂缺陷。

（3）供暖系统安装后,未进行水压试验就开始调试。

（4）操作时发现管路震动和异响,有水击现象,未及时关闭进气总阀,而在水箱后躲避观察。

【事故图片及示意图】

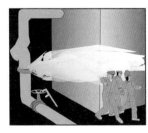 

【知识点】

（1）施工单位应严格按照设计图纸进行施工,不得擅自变更设计。

（2）严把产品进货质量关，不得将伪劣产品进入现场。

（3）供暖系统安装后，必须进行水压试验，合格后方可进行调试。

（4）操作时发现异常情况，应立即停止操作，并采取防止扩大事故的紧急措施。

【制度规定】

（1）《中华人民共和国建筑法》第五十八条规定："建筑施工企业对工程的施工质量负责。建筑施工企业必须按照工程设计图纸和施工技术标准施工，不得偷工减料。工程设计的修改由原设计单位负责，建筑施工企业不得擅自修改工程设计"。

（2）《压力容器安全技术监察规程》第115条规定："压力容器使用单位购买压力容器或进行压力容器工程招标时，应选择具有相应制造资格的压力容器设计、制造（或组焊）单位"。

（3）《压力容器安全技术监察规程》第92条规定："现场组装焊接的压力容器，在耐压试验前，应按标准规定对现场焊接的焊接头进行表面无损检测；在耐压试验后，应按有关标准规定进行局部表面无损检测……"。

（4）《压力容器安全技术监察规程》第121条规定："压力容器发生下列异常现象之一时，操作人员应立即采取紧急措施，并按规定的报告程序，及时向有关部门报告。……
压力容器与管道发生严重振动，危及安全运行"。

（5）《电力建设安全工作规程　第一部分：火力发电厂》
（DL 5009.1）中的 23.5.5 规定："水压实验时，人员不得站
在焊缝处、堵头的对面或法兰盘的侧面"。

第二部分

坍塌

第五章

应知应会

第一节　概述

坦塌事故是指物体在外力和重力作用下，超过自身极限强度的破坏成因，结构稳定失衡塌落而造成的高处坠落、物体打击、挤压伤害及窒息等事故。这类事故因塌落物自重大，作用范围大，往往伤害人员多，后果严重，会造成重大或特大人身伤亡事故。

坦塌事故属于企业常见的事故之一，其原因大都是由于设计不合理、施工偷工减料、安装使用劣质材料、基坑（槽、沟道等）开挖不及时支护或放坡、堆置物超重、摆放物超高失稳、违章施工等因素所致，坦塌的主要类型有：

（1）土方坦塌。开挖基坑、基槽或高边坡过陡，且不加临时支撑或违章作业（如采取挖空底脚的作业方法）造

图5-1　土方坍塌

成坍塌，如图 5-1 所示。

（2）模板坍塌。包括模板坍塌、模板支架坍塌。结构混凝土施工时，模板支撑不稳、强度不够或新浇混凝土表面堆物严重超载造成坍塌，如图 5-2 所示。

（3）脚手架坍塌。材质不符合要求，架体安装不稳、强度不够或严重超载使用造成的坍塌，如图 5-3 所示。

图5-2　模板坍塌

图5-3　脚手架坍塌

（4）拆除工程的坍塌。拆除施工中，底部承重体受到了破坏造成失稳坍塌。例如，拆除脚手架时坍塌，如图 5-4 所示。

坍塌

（5）建（构）筑物的坍塌。屋顶超过额定荷载造成房屋坍塌。例如,生产车间屋顶的堆放物超载被压塌,如图5-5所示。

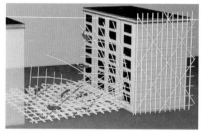

图5-4　拆除脚手架坍塌

图5-5　建筑物坍塌

第二节　土方坍塌

土方坍塌主要指在开挖土方施工中，由于土质松软、操作方法不当、开挖较深未及时支护或放坡、基坑（沟、槽）边受压、地表水（地下水）浸泡等因素造成的塌方，可能会导致人员伤害或死亡事故。

一、土方坍塌原因

（1）开挖较深，未及时支护或放坡，或放坡不够，造成边坡失稳塌方，如图5-6所示。

（2）基坑支护不牢坍塌，如图 5-7 所示。

图5-6　边坡失稳塌方

图5-7　基坑支护不牢坍塌

（3）通过不同土层时，没有根据土质的特性分别放成不同坡度，造成边坡失稳塌方。

（4）基坑（槽、沟）的地表水或地下水浸泡，未采取降排水措施，土层湿化，黏聚力降低，在重力作用下失去稳定而引起塌方，如图 5-8 所示。

（5）土质松软，开挖次序或方法不当，采取挖空底脚方法而造成的坍塌，如图 5-9 所示。

图5-8　水泡沟槽塌方

图5-9　挖空底角造成坍塌

（6）边坡顶部堆载物过大，或受车辆、施工机械等外压力或振动影响，使坡体内剪切应力增大，土体失去稳定而引起坍塌，如图5-10所示。

（7）土堆密实性差，土堆体超过一定的高度而坍塌，如图5-11所示。

图5-10　土体失去稳定造成坍塌　　　　图5-11　土堆体超高坍塌

二、防止土方坍塌事故措施

（1）施工单位应根据地质情况、施工工艺、作业条件及周边环境编制专项施工方案。

（2）开挖土方前，应确认地下管线的埋置深度、位置及防护要求，制定防护措施。

（3）土方开挖前，要做好降排水措施，防止地表水、施工用水和生活废水浸入施工现场或冲刷边坡。下雨时应禁止土方施工，如图5-12所示。

（4）通过不同土层时，应根据土的特性分别放成不同的坡度，如图5-13所示。

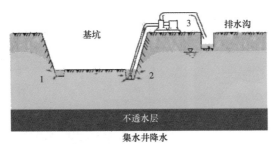

图5-12　基坑降排水
1—排水沟；2—集水井；3—水泵

图5-13　分层放坡

（5）两人及以上人员同时进行开挖土方时，必须保持一定的操作间距：横向间距不小于2 m，纵向间距不小于3 m。

（6）土方开挖时，应对相邻建（构）筑物、道路的沉降和位移情况进行观察，以防影响其他建筑坍塌。

（7）开挖土方时，应从上而下分层进行，禁止采用挖空底脚的操作方法（即挖神仙土），如图5-14所示。

（8）挖基坑、沟槽、井坑时，应视土的性质、湿度和挖的深度，选择安全边坡或设置固壁支护，如图5-15所示。

坍塌

图5-14 挖神仙土

图5-15 基坑支护

（9）开挖基坑（槽、沟）深度超过 1.5 m，要根据土质和深度情况，按规定放坡，并设有人员上下坡道或爬梯，如图 5-16 所示。

（10）基础施工要有支护方案，基坑深度超过 5 m，要有专项支护设计。开挖基坑（槽、沟）应根据土质和挖掘深度等条件放坡。如场地不允许放坡开挖时，应设固壁支撑或支护结构体系，如图 5-17 所示。

图5-16 基坑设爬梯

图5-17 固壁支护结构

（11）基坑（槽、沟）边应与建（构）筑物距离不得小于 1.5 m，特殊情况时必须采取有效技术措施。

（12）在基坑（槽、沟）边 1.5 m 以内不得堆土、堆料、停放机具，堆土高度不得超过 1.5 m，如图 5-18 所示。

（13）下基坑（槽、沟）作业前，要查看边坡土壁变化，有裂缝的部分要及时挖掉，不准拆移土壁支撑和其他支护设施。

（14）开挖土方时，要随时注意检查土壁变化，发现有裂缝或部分坍塌等异常情况，必须采取果断措施，将人员撤离，待险情排除后，方可恢复作业，如图 5-19 所示。

（15）支护设施拆除时，应按施工组织设计的规定进行。通常自下而上，随填土进程，填一层拆一层，不得一次拆到顶。

图5-18　沟槽边堆土

图5-19　疏散人员

坍塌

第三节　模板坍塌

模板坍塌主要指在模板施工或使用中，由于施工方案有误或无施工方案、施工偷工减料、模板支撑架安装不牢固、模板超载使用、支撑架体受外力作用等因素造成的倒塌，可能会导致人员伤害或死亡事故。

一、模板坍塌原因

（1）模板施工未制订专项施工方案或施工方案有误。

（2）使用劣质模板及材料，偷工减料，模板承载能力不足，造成模板坍塌，如图5-20所示。

（3）搭建模板架体不牢固，架体扣件松动或使用劣质杆件，承载能力差，造成模板架体坍塌，如图5-21所示。

图5-20　劣质模板坍塌

图5-21　模板架体坍塌

（4）未严格执行操作规程，违章作业，省时、省事、冒险蛮干，如图5-22所示。

（5）浇注混凝土时，超重注入，受压力不平衡，破坏了模板整体的承载能力，造成浇注混凝土起重坍塌，如图5-23所示。

图5-22　违反操作规程　　　　图5-23　浇注混凝土超重坍塌

（6）架体受到了外力作用（侧力、扯拉力、扭转力、冲砸力等），破坏了模板整体稳定性。

二、防止模板坍塌事故措施

（1）模板施工前，必须根据设计与规范要求做好模板支撑设计，如图5-24所示。编制专项施工方案。施工方案应包括：模板的制作、安装及拆除等施工程序、方法及安全措施。

（2）特殊结构模板及支撑系统必须经过设计计算，保

坍塌

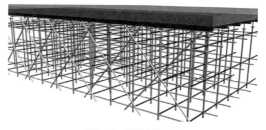

图5-24 模板支撑设计

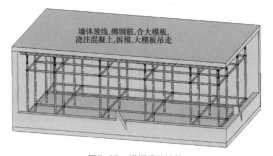

墙体放线,绑钢筋,合大模板,
浇注混凝土,拆模,大模板吊走

图5-25 模板设计计算

证模板及支撑稳固,能承受钢筋、新浇筑混凝土,以及在施工过程中所产生的全部荷载,如图 5-25 所示。

（3）选用符合安全要求的合格模板和支撑材料,不得使用劣质材料,更不能偷工减料。

（4）模板支撑杆件应能满足强度、刚度和稳定性的要求。一般情况,梁模板的支柱间距不宜大于 2 m,纵横向水平系杆的上下间距不宜大于 1.5 m,纵横向的垂直剪刀撑的间距不宜大于 6 m,如图 5-26 所示。

（5）模板的拼缝要严密，垫木铺设要均匀；支撑立杆要垂直，间距、纵横向水平支撑和扫地杆、剪刀撑严格按照施工方案搭设，施工中不能任意拆除和改动，如图5-27所示。

图5-26　模板支撑　　　　　　图5-27　垫木铺设模板

（6）支撑杆件的材质应能满足杆件的抗压、抗弯强度。规程规定：凡支撑高度超过4 m的要杜绝采用木杆支撑，必须采用钢支撑体系。立杆底部应该设木、混凝土、钢板垫块，严禁采用砖垫高，如图5-28所示。

（7）必须严格按模板工程设计书和施工方案进行施工，不得随意更换支撑杆件的材质，减小杆件规格尺寸，如发现设计中存在问题或施工中有困难，需向技术负责人提出，并经模板设计审核人同意才可更改，如图5-29所示。

（8）模板上的施工荷载不得超过设计规定，模板上堆料均匀，在模板上运输混凝土时必须铺设走道板，走道板须铺设牢固。

坍塌

图5-28 严禁采用砖垫高

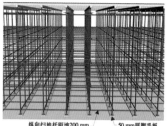

纵向扫地杆距地200 mm 50 mm厚脚手板

图5-29 模板设计

（9）浇注混凝土时要缓慢进行，不得超重注入，破坏模板整体的承载能力，如图5-30所示。

（10）模板拆除必须等到混凝土达到设计强度后方可申请，经有关部门验收合格后才可进行模板拆除，如图5-31所示。

（11）拆模前应清除掉模板上堆放的杂物，按照后装先拆，先拆侧模，后拆底模；先拆非承重部分，后拆承重部分的原则逐一拆除。拆模应彻底，严禁留有未拆除的悬空模板。

图5-30 浇注混凝土

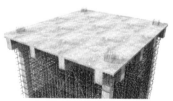

图5-31 模板拆除

第四节　脚手架坍塌

　　脚手架坍塌主要指在脚手架搭设、使用或拆除过程中，由于搭拆施工方案有误或无施工方案、选材不合格、搭设不规范、拆除程序不当、使用超载或随意改动架体结构、受外力作用等因素造成的倒塌，可能会导致人员伤害或死亡事故。

一、脚手架坍塌原因

　　（1）搭、拆脚手架时，无施工方案或施工方案有误。

　　（2）脚手架选材不合格，使用劣质材料。例如使用已锈蚀严重的管件、扣件等，如图5-32所示。

　　（3）脚手架搭建不规范、不符合安全要求。例如，与墙体无固定连接、缺水平杆等，如图5-33所示。

图5-32　脚手架选材不合格　　　　图5-33　脚手架搭建不规范

坍塌

（4）随意使用桶、凳子、管道、阀门等物件作为架子支撑点来搭建脚手架。

（5）使用不同材质混搭同一脚手架。如木质、钢质、竹子等，如图5-34所示。

（6）脚手架使用前未进行检查和验收，未及时发现安全隐患。

（7）使用脚手架吊物件或进行吊装作业。

（8）脚手架作业层的堆放物料超重，受压失去平衡，如图5-35所示。

图5-34　不同材质混搭脚手架

图5-35　物料超重失去平衡

图5-36　脚手架附近开挖土方

（9）随意改动架体结构，降低架体承载能力。

（10）在脚手架附近开挖土方，改变了架体基础稳定性，如图5-36所示。

（11）受外力作用造成

架体结构失稳倒塌。如振动、撞击等。

二、防止脚手架坍塌事故措施

（1）脚手架的搭设必须根据工程具体情况编制专项施工方案，20 m 以上高大脚手架和特殊脚手架必须有专项设计方案，如图 5-37 所示。

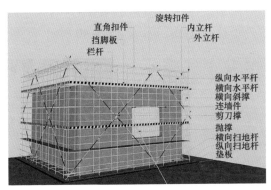

图5-37　脚手架设计方案

（2）必须选用符合安全要求的合格材料，钢管采用 $\phi48.3$ mm $\times3.6$ mm，每根最大质量不应大于 25.8 kg，使用前涂刷防锈漆、警示色。严禁使用锈蚀严重、弯曲、压扁或裂纹等管件，如图 5-38 所示。

（3）安全网：密目网、水平安全网应符合相关标准。密目式安全网密度不低于 2 000 目 /100 cm^2，如图 5-39 所示。

坍塌

图5-38 锈蚀管件

图5-39 密目式安全网

（4）脚手架基础必须分层夯实，四周设置一道排水沟。根据工程外形特点放线定位，如图 5-40 所示。

图5-40 脚手架排水沟

（5）垫板应准确地放在定位线上，采用长度不少于 2 跨、厚度不小于 50 mm、宽度不小于 200 mm 的木垫板，底座放在垫板上，如图 5-41 所示。

图5-41 脚手架垫板、底座

（6）脚手架立杆垂直插入底座内，横向扫地杆应采用直角扣件固定在紧靠纵向扫地杆下方的立杆上，如图 5-42 所示。

图5-42　脚手架横向扫地杆

（7）脚手架开始搭设立杆时，应每隔 6 跨设置一根抛撑，直至连墙件安装稳定后，方可根据情况拆除，如图 5-43 所示。

抛撑与地面倾角应在45°～60°之间，至主节点距离不大于300 mm

图5-43　脚手架立杆

（8）脚手架必须设置纵横向扫地杆。纵向扫地杆应采用十字扣件固定在距钢管下方不大于 200 mm 处的立杆上；横向扫地杆应采用十字扣件固定在紧靠纵向扫地杆下方的立杆上，如图 5-44 所示。

图5-44　脚手架扫地杆

（9）立杆接长除顶层顶步可采用搭接外，其余各部位接头必须采用对接扣件连接，立杆搭接长度不应小于 1 m，并应采用不少于 2 个旋转扣件固定，如图 5-45 所示。

（10）脚手架立杆顶端宜高出女儿墙上端 1 m，宜高出檐口上端 1.5 m，如图 5-46 所示。

图5-45　脚手架立杆搭接　　　　图5-46　立杆与女儿墙距离

（11）立杆上的对接扣件应交错布置，同步内隔一根立杆的两个相隔接头在高度方向错开的距离不宜小于 500 mm，各接头中心至主节点的距离不宜大于步距的 1/3，如图 5-47 所示。

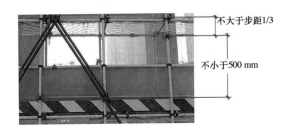

图5-47　立杆对接扣件

（12）脚手架立杆基础不在同一高度时，必须将高处的纵向扫地杆向低处延伸两跨与立杆固定，高低差不应大于 1 m，靠边坡上方的立杆轴线到边坡的距离不应小于 500 mm，如图 5-48 所示。

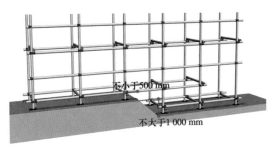

图5-48　立杆基础高度不同

（13）脚手架纵向水平杆应随立杆按步搭设，并应采用直角扣件与立杆固定，如图 5-49 所示。

图5-49　纵向水平杆

（14）纵向水平杆应设置在立杆内侧，单根杆长度不应小于 3 跨，如图 5-50 所示。

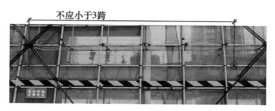

图5-50　纵向水平杆设置

（15）两根相邻纵向水平杆的接头不应设置在同步或同跨内；不同步或不同跨两个相邻接头在水平方向错开的距离不应小于 500 mm，各接头中心至最近主节点的距离不应大于纵距的 1/3，如图 5-51 所示。

（16）脚手架主节点处必须设置横向水平杆，用十字扣件扣接，且严禁拆除，如图 5-52 所示。

图5-51 纵向水平杆接头

图5-52 主节点处横向水平杆

（17）双排脚手架横向水平杆靠墙一端的外伸长度不应大于 500 mm，如图 5-53 所示。

（18）作业层上非主节点处横向水平杆，宜根据支撑脚手板的需要等间距设置，最大间距不应大于纵距的 1/2，如图 5-54 所示。

坍塌

不大于500 mm

图5-53 双排脚手架横向水平杆

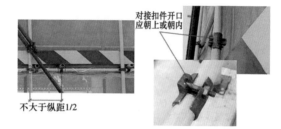

对接扣件开口
应朝上或朝内

不大于纵距1/2

图5-54 非主节点处横向水平杆

（19）各杆件端部扣件盖板的边缘至杆端距离不应小于100 mm，如图 5-55 所示。

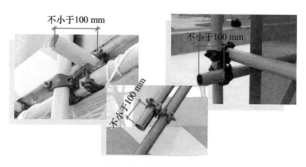

不小于100 mm

不小于100 mm

不小于100 mm

图5-55 杆端距离设置

（20）连墙件应靠近主节点设置，偏离主节点的距离不应大于 300 mm，如图 5-56 所示。

图5-56　连墙件靠近主节点设置

（21）连墙件应从底层第一步纵向水平杆处开始设置，当该处设置有困难时，应采用其他可靠措施固定，如图 5-57 所示。

（22）开口型脚手架的两端必须设置连墙件，连墙件的垂直间距不应大于建筑的层高，并且不应大于 4 m，如图 5-58 所示。

图5-57　脚手架连墙件　　　　图5-58　连墙件垂直设置

（23）连墙件中的连墙杆应呈水平设置，当不能水平设置时，应向脚手架一端下斜连接，如图5-59所示。

图5-59　连墙杆水平设置

（24）高度在24 m以下的脚手架，必须在外侧两端、转角及中间间隔不超过15 m的立面上，各设置一道剪刀撑，并应由底至顶连续设置。高度在24 m及以上的双排脚手架应在外侧全立面连续设置剪刀撑，如图5-60所示。

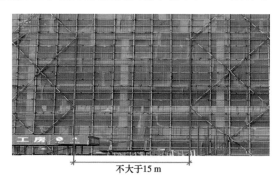

不大于15 m

图5-60　外侧全立面剪刀撑

（25）每道剪刀撑宽度不应小于4跨，且不应小于6 m，斜杆与地面的倾角应在45°～60°之间，如图5-61所示。

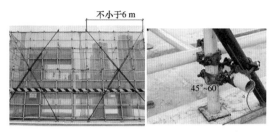

图5-61　剪刀撑宽度

（26）剪刀撑斜杆应用旋转扣件固定在与之相交的横向水平杆的伸出端或立杆上，旋转扣件中心线至主节点的距离不应大于 150 mm，如图 5-62 所示。

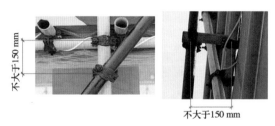

图5-62　剪刀撑旋转扣件

（27）剪刀撑搭接长度不应小于 1 m，并应采用不少于 2 个旋转扣件固定，如图 5-63 所示。

图5-63　剪刀撑搭接长度

坍塌

（28）高度在 24 m 及以上的脚手架两端及中间每隔 6 跨设置横向斜撑，如图 5-64（a）所示。开口型双排脚手架的两端均必须设置横向斜撑，如图 5-64（b）所示。

(a)   (b)

图5-64　脚手架横向斜撑

（a）24 m 及以上脚手架横向斜撑；（b）开口型双排脚手架横向斜撑

（29）脚手架作业层必须铺设脚手板，离墙面不得大于 20 cm，不得有空隙和探头、飞跳板。外侧应设一道护身栏杆和一道 18 cm 高挡脚板，如图 5-65 所示。

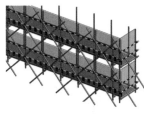

图5-65　脚手架作业层

（30）作业层端部脚手板探头长度应取 150 mm，如图 5-66 所示。

图5-66　脚手架探头板

（31）严格按照脚手架规范和安全要求进行搭建，固定
扣件应紧固，与墙体连接牢固。不得随意使用桶、凳子、管道、
支架等物件作为支撑点进行搭建，如图 5-67 所示。更不得
使用不同材质混搭同一脚手架。如木质、钢质、竹子等。

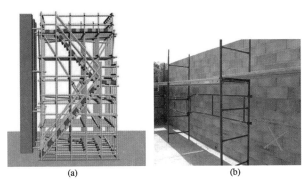

(a)　　　　　　　　　　　　　　(b)

图5-67　脚手架
（a）规范脚手架；（b）不合格脚手架

（32）脚手架使用前必须进行检查和验收，填写验收申
请单，悬挂验收合格牌，如图 5-68 所示。

（33）脚手架验收合格后，不得随意改动架体结构，不得移动或拆除架上安全防护设施，因工作需要改动架体结构时，必须重新履行检查和验收手续，如图5-69所示。

图5-68　脚手架验收合格牌

图5-69　改动架体结构

图5-70　脚手架挂起重设备

（34）脚手架使用荷载不得超过 270 kg/m²。不得在作业层上超重堆放物料，不得悬挂起重设备，如图5-70所示。

（35）脚手架使用期间，严禁拆除主节点处的纵、横向水平杆，纵、横向扫地杆，连墙件，如图 5-71 所示。

（36）起重设备和混凝土输送泵管在使用中要与脚手架采取有效隔离和防振措施，以防脚手架受到振动、冲击而失稳。

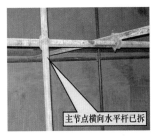

图5-71　脚手架连墙件

（37）拆除脚手架应制定安全措施，按顺序自上而下逐层拆除，即安全网→栏杆→脚手板→剪刀撑→小横杆→大横杆→立杆，做到一步一清。拆除至下部最后一根立杆高度时，应先搭设临时抛撑加固后，再拆除连墙件，如图5-72所示。

（38）连墙件必须随脚手架逐层拆除，严禁将连墙件整层或数层拆除后再拆脚手架。

（39）拆除脚手架时，严禁上下同时作业。拆除的构配件应用塔吊吊运或人工传递到地面，严禁从高处向下抛掷，如图5-73所示。

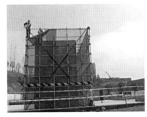

图5-72　拆除脚手架程序　　　　图5-73　严禁上下同时作业

坍塌

第五节　拆除工程坍塌

拆除工程坍塌主要指在拆除建筑施工中，由于拆除工程的施工方案有误或无施工方案、拆除程序不当、违章指挥和作业、使用大型机械操作失误等因素造成的倒塌，可能会导致人员伤害或死亡事故。

一、拆除工程坍塌原因

图5-74　承重柱破坏失稳

（1）拆除工程未制定专项施工方案或施工方案有误。

（2）施工人员不了解被拆除对象的整体结构，盲目施工、冒险蛮干。

（3）在拆除建筑施工中，因承重墙体（支柱）受到破坏失稳导致的坍塌，如图5-74所示。

（4）拆除时未严格按照"自上而下、逐层拆除、分段进行"原则进行施工。

（5）拆除时未严格按照"先拆非承重部分，后拆承重部分"原则进行施工。

（6）人工拆除建筑墙体时，有章不循，采用掏掘或推倒的方法，如图 5-75 所示。

（7）使用大型机械设备进行拆除时，操作失误，误碰其他承重体部分倒塌，如图 5-76 所示。

图5-75　人工掏掘拆除　　　　　图5-76　误碰其他承重体

二、防止拆除工程坍塌事故措施

（1）施工单位应全面了解拆除工程的图纸和资料，并进行现场勘察。

（2）开工前应根据工程特点、构造情况、工程量等编制专项施工方案、事故应急救援预案。

（3）施工人员必须学习拆除工程专项施工方案、事故应急救援预案，并进行安全技术交底。

（4）施工区域应设置硬质封闭围挡及醒目警示标志，围挡高度不应低于 1.8 m，如图 5-77 所示。

坍塌

（5）施工前应先将电线、管道等干线与建筑物的支线切断或迁移。

（6）对于较大物件应用大型机械设备拆除，独立混凝土柱拆除应搭设脚手架自上而下拆除，严禁采用刨挖空脚等方法拆除，如图5-78所示。

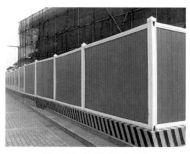

图5-77　设硬质封闭围挡

图5-78　严禁刨挖空脚

（7）当拆除某一部分时，应对邻近的其他部分采取加固措施，防止另一部分倒塌。

（8）拆除工程应自上而下进行，先拆非承重部分，后拆承重部分，禁止数层同时拆除。禁止采用掏挖和人力推倒墙体的方法，更不准将墙体推倒在楼板上，如图5-79所示。

（9）遇有特殊情况必须采用推倒方法时，必须遵守下列规定：①砍砌墙根的深度不能超过墙厚的三分之一；②墙体厚度小于两块半砖的时候，不允许进行掏掘；③为防止墙壁向掏掘方向倾倒，在掏掘前，要用支撑撑牢，如图5-80所示。

图5-79 自上而下拆除

图5-80 人工推倒墙体

（10）使用大型机械设备拆除时，注意不要误碰其他承重体部分，严禁误操作，如图5-81所示。

（11）在高处进行拆除工程，楼层内的施工垃圾，应采用封闭的垃圾道、设置流放槽或垃圾袋运下；拆除较大的或者沉重的构件，要用吊绳或者起重机械配合，并及时吊下或运走。禁止向下抛掷，如图5-82所示。

（12）在拆除工程中，发现不明物体应停止施工，待查明后再施工。

图5-81 误碰其他承重体

图5-82 楼上抛建筑垃圾

坍塌

（13）拆除下来的混凝土块或砖瓦等建筑垃圾，应及时清运，严禁超载堆放在楼板上，如图 5-83 所示。

（14）栏杆、楼梯、楼板等必须与整体拆除工程同步进行，不得先行拆掉，如图 5-84 所示。

图5-83　及时清运建筑垃圾

图5-84　栏杆、楼梯、楼板与整体同步拆除

（15）建筑物的承重柱和承重梁，要等待它所承担的全部结构拆掉后才可拆除，如图 5-85 所示。

（16）在拆除中对拆除的楼板、残垣断壁，必须采取临时支撑、支护等加固措施，防止倒塌，如图 5-86 所示。

图5-85　先拆非承重柱（梁）

图5-86　临时支撑加固

第六节 建（构）筑物坍塌

建筑物是指供人们进行生产、生活或其他活动的房屋或场所。例如，住宅、公寓、宿舍、办公楼、影剧院等；构筑物是指人们不直接在内进行生产和生活活动的场所。如水塔、烟囱、栈桥、堤坝、蓄水池等。

建（构）筑物坍塌主要指在使用中，由于设计失误、施工偷工减料、人为改变建筑结构和用途、年久失修、使用超载、受外力作用（地震除外）等因素造成的倒塌，可能会导致人员伤害或死亡事故。

一、建（构）筑物坍塌原因

（1）建（构）筑物设计的安全系数不足，先天设计失误。

（2）施工时背离原有设计，随意更改原设计，盲目蛮干。

（3）使用劣质材料施工，偷工减料，质量低劣，属于"豆腐渣工程"，如图 5-87 所示。

（4）人为改变建筑结构和用途。如破坏承重墙或承重柱，如图 5-88 所示。

（5）建（构）筑物工程竣工时未进行验收，未及时发现安全隐患，如图 5-89 所示。

坍塌

图5-87　豆腐渣工程

图5-88　人为改变建筑结构

（6）拆除工程，有章不循，冒险蛮干。如掏空墙体，如图5-90所示。

图5-89　楼板裂缝

图5-90　掏空墙体

（7）建（构）筑物年久失修，承载能力降低，受外力失去平衡，如图5-91所示。

（8）建（构）筑物附近开挖土方，基础架空，如图5-92所示。

图5-91　建筑年久失修

（9）建（构）筑物基础下沉，未进行修复和加固，如图 5-93 所示。

图5-92　基础挖空

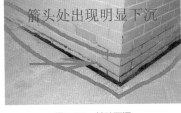
图5-93　基础下沉

二、防止建（构）筑物坍塌事故措施

（1）严格按照施工设计标准进行施工，不得随意更改原设计。

（2）选用符合国家规定的合格材料，不得使用劣质材料或偷工减料，如图 5-94 所示。

（3）建（构）筑物基础牢固，无裂纹、无明显不正常沉降、不倾斜，如图 5-95 所示。

图5-94　偷工减料

图5-95　基础下沉

坍塌

（4）建筑结构完整，无变形、裂缝、露钢筋等现象，如图 5-96 所示。

（5）严格控制楼板或屋顶的承重载荷，防止超载压塌，如图 5-97 所示。

图5-96 建筑结构露钢筋　　　　图5-97 楼板超载

（6）承重梁（柱）完整坚固，无变形，无钢筋外露、折断等现象，如图 5-98 所示。

（7）墙壁完好，无裂缝，无明显风化、鼓包、渗水现象，外墙砖无大面积脱落，如图 5-99 所示。

图5-98 承重柱钢筋外露　　　　图5-99 外墙砖脱落

（8）不得随意人为改变建筑结构，严禁拆除或破坏承重墙、承重梁（柱），如图 5-100 所示。

（9）建（构）筑物竣工时，必须严格按照设计规程和施工方案进行验收，保证施工质量。

（10）不得在屋顶上或借助于墙体再搭建房屋等建筑，如图 5-101 所示。

图5-100　严禁拆除承重墙

图5-101　屋顶上搭建房屋

（11）禁止在建筑墙体下方或附近开挖土方，如图 5-102 所示。

（12）拆除工程时，要严格按照施工方案进行施工，不得冒险蛮干。

（13）定期检查、检测建（构）筑物，经常维护，及时消除安全隐患，如图 5-103 所示。

图5-102　墙体附近开挖土方

图5-103　定期检测建（构）筑物

第六章

坍塌事故防控

第一节　概述

图6-1　土方坍塌

企业可能造成坍塌事故的常见作业场所有土方作业、脚手架搭拆作业、堆置物作业等，存在的主要安全风险有：

（1）开挖土方中，未及时放坡或未支护坍塌，如图 6-1 所示。

（2）机械设备或堆积物压在沟（槽）临边处，沟（槽）受压坍塌，如图 6-2 所示。

（3）违章掏挖土方造成坍塌，如图 6-3 所示。

图6-2　沟（槽）受压坍塌　　　　图6-3　掏挖土方坍塌

（4）脚手架材质不合格、结构不合理、搭设不规范或超载使用等，造成坍塌，如图6-4所示。

（5）工件、物料等堆置物码放过高，失稳坍塌，如图6-5所示。

图6-4　脚手架坍塌　　　　　　图6-5　堆置物坍塌

（6）煤堆整形坡度过陡（大于60°），坍塌伤人，如图6-6所示。

坍塌

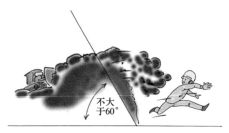

图6-6 煤堆坍塌

（7）建（构）筑物墙体、平台等结构不牢固坍塌，如图 6-7 所示。

（8）雨季和化冻期间，土壤滑动或冻土融化造成坍塌，如图 6-8 所示。

图6-7 建（构）筑物坍塌

图6-8 土壤滑动坍塌

（9）风力发电机塔基坐落的山体滑坡或位移，风机倒塌，如图 6-9 所示。

（10）水电站库区的山体坍塌，如图 6-10 所示。

图6-9　山体滑坡风机倒塌　　　　图6-10　山体坍塌

第二节　土方坍塌事故防控

　　土方工程包括土方作业、基坑支护等。其中，土方作业是指人工或用机械设备开挖基坑（槽）及回填土方的过程。基坑支护是指为保证地下结构施工及基坑周边环境的安全，对基坑侧壁及周边环境采用的支撑、加固与保护措施。

　　一、安全作业现场

　　（1）开挖作业应降（排）水，以防地表（下）水、施工用水和生活废水侵入或冲刷边坡，如图6-11所示。

　　（2）基坑（槽）周边应做挡水堰和排水沟，防止地面水流入坑沟内，如图6-12所示。

坍塌

图6-11 降排水措施

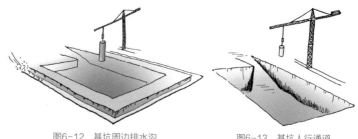

图6-12 基坑周边排水沟　　　　图6-13 基坑人行通道

（3）基坑必须设置人行通道（坡道）或铺设带防滑条的跳板。对于窄狭坑道应设置爬梯，梯阶距离不应大于40 cm，如图 6-13 所示。

（4）人行通道的土堤应有稳定的边坡或加支撑，顶宽应大于 700 mm。

（5）沟深度超过 1.5 m 时，必须根据土质和深度放坡或支撑。

1）基坑深度不足 2 m 时，原则上不再进行支护，但要按要求放坡。

2）无地下水或地下水低于基坑（槽）地面且土质均匀时，土壁不加支撑的垂直挖深不宜超过表6-1规定。

表6-1　　　　　　基坑（槽）土壁垂直挖深规定

序号	土的类别	深度/m
1	密实、中密的砂土和碎石类土（充填物为砂土）	1.00
2	硬塑、可塑的粉质及粉土	1.25
3	硬塑、可塑的黏土和碎石类土（充填物为黏性土）	1.50
4	坚硬的黏土	2.00

3）基坑深度超过2 m，小于5 m，在坑壁土质为粉质黏土、粉土，湿度为稍湿状态下，周围没有其他载荷时，基坑开挖放坡可按照表6-2确定。

表6-2　　　　　　临时性挖方边坡值

序号	土的类别		边坡值（高度：宽度）
1	砂土（不包括细砂、粉砂）		1：1.25 ~ 1：1.50
2	一般性黏土	硬	1：0.75 ~ 1：1.00
		硬、塑	1：1.00 ~ 1：1.25
		软	1：1.50或更缓
3	碎石类土	充填坚硬、硬塑黏性土	1：0.50 ~ 1：1.00
		充填砂土	1：1.00 ~ 1：1.50

（6）装设支撑的深度，应根据土壤的性质和湿度决定。当挖掘的深度不大于1.5 m时，可将两壁挖成小于自然坍

坍塌

落角的边坡，而不设支撑，如图 6-14 所示。

（7）基坑深度超过 5 m，且不具备放坡条件时，应进行施工支护专项防护，如图 6-15 所示。

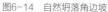

图6-14　自然坍落角边坡

图6-15　基坑支护

（8）土质较差且施工工期较长的基坑，边坡应采用钢丝网、水泥或其他材料护坡，如图 6-16 所示。

（9）在基坑、井坑、地槽边缘堆置土方或其他材料时，其土方底角（或其他材料）与坑边距离应不少于 0.8 m，堆置物高度不应超过 1.5 m，如图 6-17 所示。

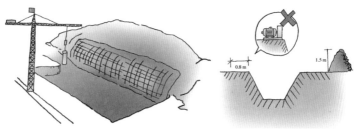

图6-16　钢丝网护坡

图6-17　土方的堆置

（10）基（井）坑周边应装设带有中杆的防护栏杆，栏高为1.2 m，栏杆距坑边应保持1 m，悬挂安全警示牌，夜间设红灯示警，如图6-18所示。

（11）在有地下设施（如电缆、管道及埋设物等）的地方动土作业时，必须先查明地下设施的正确位置，制定施工方案后，方可动土，如图6-19所示。

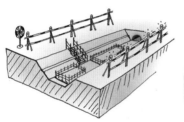

图6-18　基坑周边装设防护栏杆　　　图6-19　动土前须查明地下设施

二、安全作业行为

（1）开挖没有边坡的沟、井，必须根据挖掘的深度，先打桩后设支撑再开挖，如图6-20所示。

（2）挖掘土石方前，应先清除斜坡上的浮石或大石头，以防坍塌。

（3）挖掘土石方应自上而下施工，严禁掏挖，如图6-21所示。

坍塌

图6-20 打桩、支撑边坡   图6-21 严禁掏挖土方

（4）严禁在坑壁上掏坑攀登基坑，如图 6-22 所示。

（5）严禁在水平支撑或撑杆上攀登基坑。

（6）严禁雨天开挖作业，如图 6-23 所示。

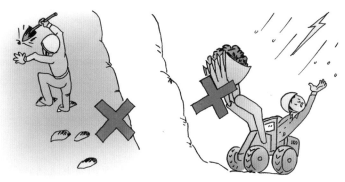

图6-22 严禁掏坑攀登基坑   图6-23 严禁雨天开挖土方

（7）修理边坡应按自上而下顺序施工，如图 6-24 所示。

（8）严禁在基坑（沟、井）周边堆放重物，如图 6-25 所示。

（9）发现土壤有可能坍塌或滑动裂缝时，应立即撤离现场。待坍塌险情排除后方可恢复作业。

图6-24 修理边坡 图6-25 严禁在基坑边堆放重物

（10）拆除支柱、木板的顺序应从下而上。一般土壤，同一时间拆下的木板不应超过 3 块；松散和不稳定的土壤，一次不应超过 1 块。更换横支撑时，必须先安上新的，然后再拆下旧的。

第三节 脚手架坍塌事故防控

脚手架坍塌事故是指因材质不合格、结构不合理、搭设不规范或超载使用等造成的倾倒。

一、安全作业现场

1. 脚手架体的搭设基本要求

（1）钢管采用外径 48 mm、壁厚 3.0 ~ 3.5 mm 焊接

钢管或无缝钢管。钢管应平直,平直度允许偏差为管长的1/500;两端面应平整,不应有斜口、毛口。

(2)钢管脚手架扣件。扣件必须有出厂合格证明或材质检验合格证明。

(3)钢管脚手架铰链。用于搭设脚手架的铰链不准使用脆性的铸铁材料。

(4)扫地杆。纵向扫地杆采用直角扣件固定在距基准面 200 mm 内的立杆上;横向扫地杆则用直角扣件固定在紧靠纵向扫地杆下方的立杆上。

(5)立杆。立杆底端应埋入地下,遇松土或无法挖坑时必须绑设地杆。竹质立杆必须在基坑内垫以砖石。金属管立杆应套上柱座(底板与管子焊接制成),柱座下垫有垫板。立杆纵距应满足以下要求:

架高 30 m 以下,单立杆纵距为 1 800 mm;架高 30 ~ 40 m,单立杆纵距为 1 500 mm;架高 40 ~ 50 m,单立杆纵距为 1 000 mm,双立杆纵距为 1 800 mm。

(6)搭设时应超过施工层一步架,并搭设梯子,梯凳间距不大于 400 mm。

(7)剪刀撑。与地面夹角 45° ~ 60°,搭接长度不小于 400 mm。

(8)施工层。设 1 200 mm 高防护栏杆,必要时在防护

栏与脚手板之间设中护
栏。设 180 mm 踢脚板，
踢脚板与立杆固定。

（9）脚手板。木质
板厚不低于 50 mm。脚手
板应满铺、板间不得有
空隙，板子搭接不得小于
200 mm，板子距墙空隙不
得大于 150 mm，板子跨
度间不得有接头。

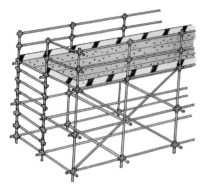

图6-26　脚手架搭设

（10）脚手架应装有牢固的梯子，用于作业人员上下和
运送材料。

（11）安全网。施工层下面应设安全平网，外侧用密目
式安全立网全封闭。

脚 手 架 搭 设 如 图
6-26 所示。

2. 脚手架的验收要求

（1）脚手架未经验收
前，必须在架体上悬挂"未
经验收，禁止使用"提示
牌，如图 6-27 所示。

图6-27　未验收脚手架

坍塌

（2）验收脚手架时，必须填写脚手架验收单，并在"脚手架验收单"上签字，见表6-3。验收合格后应在脚手架上悬挂"脚手架使用合格牌"，见表6-4。方准使用。

表6-3　　　　　　　脚手架验收单

项目名称			搭设时间		
搭设单位			工作负责人		
搭设位置					
使用日期					
搭设单位验收意见	班组验收意见 签名： 日期：		使用单位验收意见	班组验收意见 签名： 日期：	
	车间验收意见 签名： 日期：			车间验收意见 签名： 日期：	
	部门（公司）意见 签名： 日期：			部门（公司）意见 签名： 日期：	
设备部意见	签名： 日期：		安监部意见	签名： 日期：	
厂领导意见	签名：　　　　　　　　日期：				
脚手架高度	5 m以下 （　　）	5~15 m （　　）		15~30 m （　　）	30 m以上 （　　）
详细检查下列项目是否安全，符合要求					

续表

栏杆		剪刀撑	
梯子		立杆的垫板	
横杆		脚手板	
立杆		安全通道	
扣件		踢脚板	
与建筑物连接		其他	

备注：

表6-4　　　　　　　　脚手架使用合格牌

脚手架名称		脚手架编号	
搭建单位		搭建负责人	
验收单位		验收负责人	
使用单位		使用负责人	
承载能力（kN/m）		使用期限	
延期期限		备注	

二、安全作业行为

（1）脚手架必须由专人指挥，由具有资质的专业人员搭拆。

（2）搭拆脚手架周边应设置警戒区域，设专人监护，如图 6-28 所示。

（3）搭设好的脚手架，未经验收不得擅自使用，如图 6-29 所示。

坍塌

图6-28　搭拆脚手架设警戒区域　　　图6-29　未经验收不得使用脚手架

（4）每天使用脚手架前，必须对脚手架进行整体检查。严禁使用有缺陷的脚手架。

（5）脚手架体高度超过 25 m 时，不得使用木、竹质脚手架，如图 6-30 所示。

（6）严禁将脚手架（板）搭靠（固定）在任何不牢固的结构上。

（7）严禁在各种管道、阀门、电缆架、仪表箱、开关箱及栏杆上搭设脚手架，如图 6-31 所示。

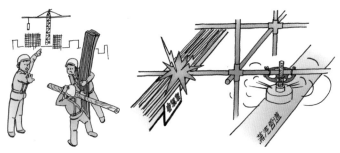

图6-30　搭设脚手架　　　图6-31　严禁在阀门、电缆架上搭设脚手架

（8）严禁用木桶、木箱、砖及其他建筑材料搭临时铺板来代替正规脚手架，如图6-32所示。

（9）移动式脚手架与建筑物连接牢固后，方可使用。

（10）严禁使用弯曲、压扁、有裂缝及严重锈蚀的钢管。

（11）脚手架主体结构必须选用同种材料，不得用木杆、竹竿、钢管等混搭，如图6-33所示。

图6-32 严禁用木桶、木箱搭设脚手架　　图6-33 不得用木杆、竹竿、钢管混搭

（12）外墙脚手架搭设中，架体与建（构）筑物必须固定牢固，如图6-34所示。

（13）在较松软土层上搭设脚手架时，立杆下必须垫不小于 0.1 m² 的脚手板，如图6-35所示。

（14）脚手架验收合格后，不得擅自变动脚手架体的结构。

（15）使用脚手架前，必须核对承载能力。严禁超载使用，如图6-36所示。

坍塌

图6-34 架体与构筑物固定牢固

图6-35 脚手架立杆垫脚手板

脚手架荷重
2.5 kN/m²

图6-36 严禁超载使用脚手架

（16）严禁在脚手架上起重作业。

（17）用起重装置起吊重物时，不得将起重装置和脚手架的结构相连，如图 6-37 所示。

（18）严禁在脚手架周边开挖土方，如图 6-38 所示。

（19）拆除脚手架应自上而下逐层进行，严禁上下同时拆除，如图 6-39 所示。

（20）脚手架分段、分立面拆除时，必须先对不拆除脚手架的两端加固后，再进行拆除。

图6-37　不得将起重装置和脚手架相连

图6-38　严禁在脚手架周边开挖土方

图6-39　严禁上下同时拆除脚手架

（21）脚手架连墙件必须随架体逐层拆除，严禁先将连墙件多层整体拆除后再拆除脚手架。

（22）严禁采取推倒脚手架方法进行拆除。

（23）遇大风、雨、雪等天气时，严禁搭拆脚手架。

第四节　堆置物坍塌事故防控

堆置物坍塌事故是指工件、物料等码放或堆放过高，堆置物失稳或受外力造成的坍塌事故。

一、安全作业现场

（1）一般堆置物应堆放整齐，高度不超过 1.5 m，如图 6-40 所示。

（2）滚动物件必须加设垫块或捆绑牢固，如图 6-41 所示。

图6-40　堆置物堆放整齐

图6-41　滚动物件须捆绑牢固

（3）严禁在建（构）筑物临边 1.5 m 范围内堆码工件、物料等，如图 6-42 所示。

（4）材料堆码高度：木枋不超过 1.0 m，模板码放不超过 1.0 m，砖不超过 12 层成垛码放，钢筋半成品码放不超过 1.0 m，必要时底部应用垫木支垫稳固，如图 6-43 所示。

图6-42　严禁在建筑物临边堆放物料　　　图6-43　材料堆放

（5）货架上摆放物料时，大或重的物料应摆放在下面，小或轻的物料摆放在上面，如图 6-44 所示。

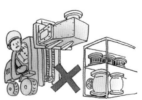

图6-44　摆放物料

（6）仓库内应设架子，使气瓶垂直立放，空气瓶可以平放堆叠，但每一层应垫有木制的或金属的型板，堆叠高度不准超过 1.5 m。

（7）对零散物料应放入箱内摆放，如图 6-45 所示。

（8）对圆形物料（钢管、木棒等）应摆放在支架上面，且分类摆放，如图 6-46 所示。

坍塌

图6-45 摆放零散物料　　　　　图6-46 摆放圆形物料

（9）对较大的不规则物料应摆放在地面上，严禁摆放在货架上。

二、安全作业行为

（1）人员不得在堆置物上站立或穿行，如图6-47所示。

（2）人员不得在堆置物旁边工作或休息，如图6-48所示。

图6-47 人员不得在堆置物上穿行　　　图6-48 人员不得在堆置物旁休息

（3）堆放物料中，发现堆置物不稳时，不得继续向上堆放，如图 6-49 所示。

（4）取堆置物料时，应自上而下顺序进行，不得从中间抽取物料，如图 6-50 所示。

图6-49　堆置物不稳　　　　　图6-50　不得中间抽取物料

（5）堆放物料前，必须确认堆放物处的基础下方无沟道、孔洞等，如图 6-51 所示。

（6）堆放较高立放物件时，必须做好防倾倒措施。

（7）其他物料不得倚靠堆置物，如图 6-52 所示。

（8）推煤机上下煤堆及在煤堆上作业时，应注意坡度和煤堆有无发生坍塌的可能，以防推煤机翻倒。在煤堆上作业时，推煤机距煤堆边缘要保持一定距离，如图 6-53 所示。

（9）煤场存煤自燃时，严禁站在煤堆正上方灭火，防止坍塌，如图 6-54 所示。

坍塌

图6-51 堆物处下方不得有沟道

图6-52 不得倚靠堆置物

图6-53 推煤机翻倒

图6-54 严禁站在煤堆正上方灭火

（10）严禁人员进入有煤的煤斗内捅煤作业。

（11）严禁人员和车辆从上部或下部靠近煤堆的陡坡。

第七章

坍塌事故应急处置

坍塌事故应急处置是针对土方坍塌、模板坍塌、脚手架坍塌、拆除工程坍塌、建筑物及构筑物坍塌等造成的人员伤亡而制定的现场应急处置方案。主要内容有：事件特征、应急处置程序、应急处置措施、事件报告、注意事项等。

一、事件特征

1.危险性分析

（1）开挖土方施工中，因土质松动,未及时支护或放坡、掏挖土方施工、边坡顶部受压或土质被水浸泡等，可能造成土方失稳滑坡或坍塌。

（2）模板施工中，脚手架体的支撑强度不足，或新浇筑混凝土的堆物过重、严重超载等,可能造成模板坍塌事故。

（3）脚手架使用劣质材质、安装不牢固、未验收使用或超载使用等，可能造成脚手架体倾倒或坍塌。

（4）拆除工程施工中，施工方案不当、有章不循、盲目蛮干，或作业面堆置物超载等，可能造成坍塌事故。

（5）建（构）筑物使用中，由于设计失误、施工偷工减料、人为改变建筑结构和用途、年久失修、使用超载、受外力作用（地震除外）等，可能造成坍塌事故。

2. 事件类型

土方坍塌、模板坍塌、脚手架坍塌、拆除工程的坍塌、建筑物及构筑物的坍塌。

3. 事件可能发生的地点和装置

（1）基坑、槽、沟道等土方开挖的施工场所。

（2）建筑物及构筑物的施工场所。

（3）脚手架的搭设、拆除或使用场所。

（4）拆除工程的施工场所。

（5）建（构）筑物的使用场所。

4. 事件可能造成的危害

由于坍塌物自重大，作用范围大，往往伤害人员多，后果严重，容易造成重大或特大人身伤亡事故。

5. 事前可能出现的征兆

在安装、拆除、开挖、施工等作业过程中，超过自身极限强度的破坏成因，如边坡出现裂缝、支架变形、基础下沉或结构稳定失衡等异常现象。

二、现场应急处置程序

现场应急处置程序，如图 7-1 所示。

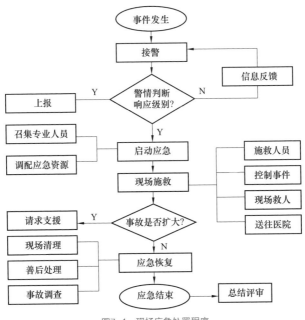

图7-1 现场应急处置程序

（1）发生事件后，现场人员应立即进行施救，及时将伤者脱离危险区域，并报告应急指挥组。说明事件发生地点、事件的严重程度和影响范围，已采取的控制措施和有效性。

（2）应急指挥组接到通知后，判断现场警情，确定响应级别。

（3）启动现场应急处置程序，召集相关专业人员，调配应急资源，迅速赶往事发现场。

（4）根据现场实际情况合理组织抢救工作，保证施救人员的安全，并确定是否请求支援。

（5）根据伤者的伤情，确定是否拨打"120"急救电话，并做好送往医院的准备工作。

（6）如果事件进一步扩大，且超出本单位应急处置能力时，应向当地政府有关部门及上级主管单位请求支援。

（7）做好应急恢复的各项工作，主要包括现场清理、善后处理、事件调查等。

（8）应急结束，总结评审。

三、现场应急处置措施

（1）当现场人员发现土方或建筑物有裂纹或发出异常声音时，应立即停止作业，并采取加固等措施，如果不能控制事态，应快速撤离现场人员到安全地点。

（2）发现有人被埋压时，现场人员应立即组织施救被埋压人员，如图 7-2 所示。

（3）当少量土方坍塌时，现场人员应用铁锹撮土挖掘，

图7-2 施救被埋人员

图7-3 用铁锹施救

注意不要伤及被埋压人员，如图 7-3 所示。

（4）当建筑物整体倒塌或大量土方坍塌时，如果使用吊车、挖掘机进行施救，现场要有指挥人员和监护人员，防止机械伤及被埋压人员，如图 7-4 所示。

（5）如果有人被坍塌的脚手架压在下面，要立即采取可靠措施加固四周。然后拆除或切割压住伤者的杆件，将伤者移出，如脚手架太重可用吊车将架体缓慢抬起，如图 7-5 所示。

（6）如果被压伤者在短时间内施救不出来时，应先给

图7-4 用挖掘机施救

图7-5 切割杆件救伤者

伤者输送液体，保证伤者的身体处于良好状态，便于后续施救，如图7-6所示。

（7）从坍塌物中救出伤者后，应立即将伤者抬到安全地方，先进行现场抢救，然后再送往医院，如图7-7所示。

图7-6　给伤者输液　　　　　　图7-7　现场抢救伤者

（8）当事故超出本单位应急处置能力时，应向当地政府有关部门及上级单位请求支援。

（9）现场抢救伤者：

1）立即清理伤者口、鼻、耳中的异物，检查呼吸心跳情况，若心跳停止，应立即实施人工呼吸和心脏复苏，如图7-8所示。

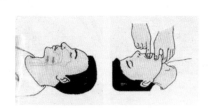

图7-8　清理口鼻耳异物

2）清理伤者的创伤伤口，防止感染。

3）肢体骨折，尽快固定伤肢，减少骨折断端对周围组织的进一步损伤，搬运伤者时，使用担架、门板，防止伤情加重，如图7-9所示。

4）发现伤者的伤口出血时，应立即进行止血包扎，如图7-10所示。

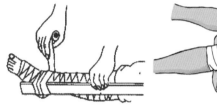

图7-9　固定骨折肢体　　　　　图7-10　止血包扎伤口

5）如果无能力抢救伤者，应立即将伤者送往附近医院进行抢救。

6）如果伤者的伤情较重时，立即拨打"120"急救电话，然后将伤者搬到安全地方，等待医务人员救治，并派人到路口接应，如图7-11所示。

图7-11　接应救护车

坍塌

四、事件报告

（1）事发现场的工作人员要向本单位领导简要汇报情况，在事件调查中，现场工作人员应积极配合上级安监部门或事件调查组的调查和询问。

（2）事件单位相关人员应以书面形式向上级安监部门汇报事件经过、防范措施。

（3）当事件扩大时，由企业主管领导向上级主管单位汇报事件信息，如果发生重伤、死亡、重大死亡事件时，还应立即报告当地人民政府的安全监察部门、公安部门、人民检察院、工会等，最迟不超过 1 h。

（4）事件报告要求：事件信息准确完整、事件内容描述清晰。

（5）事件报告的主要内容：事件发生时间、事件发生地点、事件性质、先期处理情况等。

五、注意事项

（1）事故处理基本原则。

事故发生时，要严格按照"四不放过"的原则进行处理，防止同类事故重复发生。

1）事故原因未查清不放过；

2）责任人员未受到处理不放过；

3）事故责任人和周围群众没有受到教育不放过；

4）事故制定的切实可行的整改措施未落实不放过。

（2）坍塌现场救护前，先对现场进行评估，若有再次发生坍塌危险时，应先进行支护或采取其他加固措施，以避免造成二次伤害。

（3）坍塌事故发生后，应详细了解塌方的事故经过，清点现场人数，确定未被救出的人数。

（4）施救人员进入事故现场前，必须正确佩戴好个人防护用品，听从现场指挥，不要冒险蛮干。

（5）应急指挥组应备齐必要的应急救援物资，如车辆、吊车、铁锹、担架、氧气袋、止血带等。

（6）当核实所有人员获救后，应保护好事故现场，等待事故调查组进行调查处理。

第八章

坍塌事故典型案例

【案例1】无证驾驶推煤机　煤垛坍塌致死亡

某厂一推煤机开到储煤场顶部时，煤垛坍塌，推煤机翻入煤堆下，司机死亡。

【简要经过】

某年 1 月 23 日晚，某厂一新上岗人员无证驾驶推煤机进行煤垛整形作业。当行驶至煤垛顶部时，煤垛坍塌，推煤机及司机从 10 m 高的煤堆上翻落，被坍塌的煤掩埋，司机死亡。

【原因及暴露问题】

（1）严重违章，无证驾驶推煤机；

（2）煤垛太陡，取煤形成了 10 m 高、数十米长、近 90° 的边坡。

【事故图片及示意图】

【知识点】

（1）特种作业人员必须持证上岗。

（2）煤堆应保持一定的边坡，避免形成陡坡，以防坍塌伤人。

【制度规定】

（1）《电力安全工作规程》（热力和机械部分）规定："推煤机上下煤堆及在煤堆上工作时，应注意坡度和煤堆有无发生坍塌的可能，以防推煤机翻倒。在煤堆上作业时，推煤机距煤堆边缘要保持一定距离"。

（2）《电力安全工作规程》（热力和机械部分）规定："堆取煤时，应随时注意保持煤堆有一定的边坡，避免形成陡坡（不宜超过 60°），以防坍塌伤人。在工作中如发现有形成陡坡的可能时，应采取措施加以消除。对已经形成的陡坡，在未消除以前，禁止人员和车辆从上部或下部靠近陡坡"。

坍塌

（3）《电力安全工作规程》（热力和机械部分）规定：
"除司机人员外，严禁其他人员擅自开动运煤机"。

【案例2】不放坡无支护　土方塌人被埋

某厂一焊工探身在管道下仰面施焊过程中，土方坍塌，
人员被埋死亡。

【简要经过】

某年10月23日下午，某厂作业人员在基坑（3 m×3 m×
2 m）内处理暖气管道泄漏缺陷，焊工探身在管道下仰面施
焊过程中，基坑东侧回填土方坍塌，人员被埋，抢救无效死亡。

【原因及暴露问题】

（1）未按照规定对基坑放坡；

（2）基坑作业点周围没有支护；

（3）焊工探身在管道下仰面施焊，影响逃生；

（4）作业人员对回填土坍塌危险性认识不足。

【事故图片及示意图】

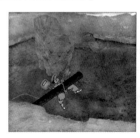

【知识点】

（1）开挖没有边坡的沟、井，必须根据挖掘的深度，装设支撑；在施工中应经常检查支撑的安全状况，有危险征象时，应立即加固。

（2）在基坑内作业时，工作人员应经常检查土壤变化情况，如有滑动、裂缝等现象时，应先将其消除，并观察好逃生路线后，才可继续工作。

【制度规定】

（1）《电力安全工作规程》（热力和机械部分）规定："当发现土壤有可能坍塌或滑动裂缝时，所有在下面工作的人员必须离开工作面，然后组织工人将滑动部分先挖去，或采取防护措施再进行工作"。

（2）《电力安全工作规程》（热力和机械部分）规定："开挖没有边坡的沟、井，必须根据挖掘的深度，先打桩后设支撑再开挖；装设支撑的深度，应根据土壤的性质和湿度决定。如挖掘的深度不大于 1.5 m，可将两壁挖成小于自然坍落角的边坡，而不设支撑。在施工中应经常检查支撑的安全状况，有危险征象时，应立即加固"。

【案例3】斜坡放管无措施　滚下管子伤两脚

某厂用汽车吊进行灰管卸车，堆放管子坍塌，一工作人员两脚砸伤。

【简要经过】

　　某年 2 月 15 日下午，某厂用汽车吊卸灰渣管。因汽车吊作业半径所限，工作人员将卸下的灰渣管摆放在路旁斜坡上。当卸下最后一批灰渣管时，管堆坍塌，将一工作人员两脚砸伤。

【原因及暴露问题】

　　灰渣管堆放在路旁斜坡末端，未做防滚动措施。

【事故图片及示意图】

【知识点】

　　重物放到地上应稳妥地放置，并做好防止滚落或坍塌的措施。

【制度规定】

　　《电力安全工作规程》（热力和机械部分）规定："重物放到地上应稳妥地放置，防止倾倒或滚动，必要时应用绳绑住。"

【案例4】卸运钢管滚落　人员被砸死亡

某厂一装卸工在卸车作业时，被滚下的钢管砸死。

【简要经过】

某年9月11日上午，某厂在卸钢管作业中，因未在车厢上设置防止钢管滚落的措施，致使钢管滚落砸在装卸工王某的后背，经抢救无效死亡。

【原因及暴露问题】

（1）装车时，无防止钢管滚落的措施，如用绳子绑住等。

（2）卸车时，工作人员未站在车厢侧面，就打开车厢侧栏板。

【事故图片及示意图】

【知识点】

打开车厢卸车时，工作人员应站在车厢侧栏板处作业，以防货物滚落伤人。

坍塌

【制度规定】

《电力安全工作规程》(热力和机械部分)规定:"搬运管子、工字铁梁等长形物件,应注意防止物件甩动,打伤附近的人员或设备"。

【案例5】未放坡无支护　沟道坍塌伤人

某厂在挖沟时,未放坡,无支护,土坡塌方,一施工人员摔倒受伤。

【简要经过】

某年8月20日晚,某厂在挖沟处理一管道缺陷时,未放坡,无支护,沟道侧壁突然坍塌,施工人员躲闪中摔倒受伤。

【原因及暴露问题】

沟道未按规定放坡,作业点周围无支护。

【事故图片及示意图】

【知识点】

(1)开挖没有边坡的沟、井,必须根据挖掘的深度,装设支撑；在施工中应经常检查支撑的安全状况，有危险征象时，应立即加固。

（2）在基坑内作业时，工作人员应经常检查土壤变化情况，如有滑动、裂缝等现象时，应先将其消除，并观察好逃生路线后，才可继续工作。

【制度规定】

《电力安全工作规程》（热力和机械部分）规定："开挖没有边坡的沟、井，必须根据挖掘的深度，先打桩后设支撑再开挖；装设支撑的深度，应根据土壤的性质和湿度决定。如挖掘的深度不大于 1.5 m，可将两壁挖成小于自然坍落角的边坡，而不设支撑。在施工中应经常检查支撑的安全状况，有危险征象时，应立即加固"。

【案例6】自下而上清煤仓　积煤坍塌自身亡

某厂一工作人员进入煤仓从下向上清理积煤时，被坍塌的积煤掩埋，窒息死亡。

【简要经过】

某年 6 月 12 日上午，某厂一工作人员将安全带拴在安全绳上，进入煤仓从下向上清理积煤，仓外二人拉住安全绳并负责监护。在清理煤仓过程中，被高处仓壁上坍塌的积煤掩埋窒息死亡。

坍塌

【原因及暴露问题】

（1）作业流程不当，未自上而下清理积煤。

（2）监护不到位，抢救不及时。

【事故图片及示意图】

【知识点】

原煤仓内积煤坡度较大时，工作人员应自上而下用捅条将其消除，以免积煤塌下将工作人员埋住。

【制度规定】

（1）《电力安全工作规程》（热力和机械部分）规定："捅煤斗内的堵煤，应使用专门的捅条并站在煤斗上部的平台上进行"。

（2）《电力安全工作规程》（热力和机械部分）规定："不准进入有煤的煤斗内捅堵煤。在特殊情况下，需进入有煤的煤斗内进行其他工作（如取出掉入的工具）时，必须采取下列安全措施：……工作人员应戴口罩、手套，把袖口和裤脚扎好，进入煤斗必须使用安全带，安全带的绳子应缚在外面的固定装置上（禁止把绳子缚在铁轨上）并至少有两人在外面进行监护，进入煤斗后安全带应由监护人一直保持在稍微拉紧的状态……如果煤堆积在煤斗的一侧并有很大的陡坡（60°~70°）时，应在进入煤斗前将陡坡用捅条消除，以免塌下将人埋住"。

【案例7】烟道改造不核算　受压坍塌酿惨祸

某厂脱硫装置安装时，未核算旧烟道承压能力，试运中烟道受压倒塌，4人死亡，3人受伤。

【简要经过】

某厂在脱硫系统安装中，未进行强度核算，利用原非承压砖制烟道作为可能承压的脱硫系统的旁路烟道。10月18日，在脱硫装置试运时，脱硫塔进出口门、旁路门突然全部关闭，旁路烟道压力增高，侧墙向外倒塌，砸塌其下方一工作间，导致4人死亡，3人受伤。

【原因及暴露问题】

设计时，未对仍然要使用的旧烟道进行强度核算。

坍塌

【事故图片及示意图】

【知识点】

设计时，必须对仍然要使用的旧烟道进行强度核算。

【制度规定】

（1）《中华人民共和国建筑法》第四十九条规定："涉及建筑主体和承重结构变动的装修工程，建设单位应当在施工前委托原设计单位或者具有相应资质条件的设计单位提出设计方案；没有设计方案的，不得施工"。

（2）《建设工程安全生产管理条例》第十三条规定："设计单位应当按照法律、法规和工程建设强制性标准进行设计，防止因设计不合理导致生产安全事故的发生"。

【案例8】脚手架未经验收　突然垮塌一死三伤

某厂4人在脱硫塔内部脚手架上作业时，脚手架突然垮塌，人员坠落，一死三伤。

【简要经过】

某厂为了检修作业，在脱硫塔内部搭设脚手架，脚手架未经验收。5月19日下午，4名工作人员未系安全带，站在脚手架上作业过程中，因脚手架一架板支撑横杆断裂，架子倒坍，人员坠落（落差17.5 m），1人死亡，3人受伤。

【原因及暴露问题】

（1）脚手架未经验收。

（2）使用不合格的脚手杆搭设脚手架。

（3）集体违章，高处作业不系安全带。

【事故图片及示意图】

坍塌

【知识点】

（1）脚手架搭设后，应验收合格后，方可使用。

（2）高处作业应系好安全带，并挂在结实牢固的构件上。

（3）在搭设脚手架时，应使用合格的脚手架和脚手板等。

【制度规定】

（1）《电力安全工作规程》（热力和机械部分）规定："脚手架的荷载必须能足够承受站在上面的人员和物件等的重量，并留有一定裕量，严禁超荷载使用。禁止在脚手架和脚手板上进行起重工作、聚集人员或放置超过计算荷重的材料"。

（2）《电力安全工作规程》（热力和机械部分）规定："安全带的挂钩或绳子应挂在结实牢固的构件上，或专为挂安全带用的钢丝绳上。禁止挂在移动或不牢固的物件上"。

（3）《电力安全工作规程》（热力和机械部分）规定："搭设好的脚手架，未经验收不应擅自使用。使用工作负责人每天上脚手架前，必须进行脚手架整体检查"。

【案例9】煤仓清拱监护差　积煤坍塌死一人

某年 11 月 17 日，某施工单位在电厂 4 号炉 4 号煤仓清拱作业过程中，煤仓内侧壁存煤坍塌，造成一人死亡。

【简要经过】

某年 11 月 16 日，某施工单位工作负责人朱某某和电厂工作负责人武某某办理了"4 号锅炉原煤仓清拱"工作票。17 日 02 时，确认煤仓内无有毒气体，准备工作就绪后，6 名作业人员（2 名监护人、4 名工作人员）到达作业现场，4 名工作人员进入 4 号原煤仓中进行清煤作业，其中 1 人负责仓内作业监护，3 人负责清煤作业。在清煤过程中，仓内上部侧壁存煤坍塌，将张某（男，41 岁）埋入煤下。事故发生后，现场人员立即开展了救援工作，17 时 15 分左右将张某救出，并立即送往医院救治。18 时 50 分，经救治无效死亡。

【原因及暴露问题】

（1）作业人员严重违反"由上向下逐层进行清理"的工序要求，张某在煤层下方约 2 m 作业，上部煤层坍塌后被埋。

（2）作业人员安全绳、安全带使用不当，煤仓内安全绳预留长度过长（超过 0.5 m），未使用速差式保护器，且安全带佩戴不紧，安全防护用品未起到保护作用。

（3）施工现场，甲、乙双方工作负责人均未履行安全职责，对违反施工方案的行为采取默认态度，集体违章。

（4）对外来人员的安全培训工作流于形式，存在以考代培的现象。没有按照《安规》中有关清理煤仓作业的安

坍塌

全措施对作业人员进行安全培训和考试。

（5）现场交底工作不到位，安全技术交底内容为通用的标准格式，未结合实际工作内容进行交底。

（6）《事故应急预案》针对性不强，可操作性差，未明确救援的流程和方法，过于简单。事故发生后也未能及时启动应急预案，存在侥幸心理，应急救援不力。

【事故图片及示意图】

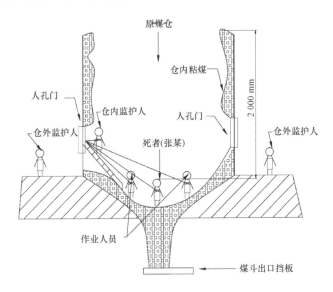

【知识点】

（1）加强对受限空间作业安全管理。要针对原煤仓、干灰库、容器等密闭空间的作业，结合所面对工作介质的物理、化学特性，全面分析作业过程中的安全风险，制定有效的防坍塌、防火、防中毒、防窒息等安全措施，做好安全技术交底，并监督现场作业人员逐项落实。

（2）加强对"三措一案"的管理。要针对实际工作，组织有关技术人员认真审批"三措一案"。执行过程中如有变更，必须重新履行审批流程，且要统筹考虑所涉及"三措一案"的条款。

（3）加强对外包工程从业人员安全教育培训。要结合《安规》，针对不同专业、不同作业的安全需求，开展针对性的培训和考试。外包工程作业要按照业主要求开展"三讲一落实"工作。

（4）规范劳动防护用品管理。要按规定审查外包工程所使用的安全工器具、劳动防护用品，经检验合格方可入场，要监督现场作业人员正确使用安全工器具、穿戴劳动防护用品。

（5）强化现场监督人员安全责任落实。要明确监督（监护）人员具体的检查项目和标准，作业过程中全程监督（监护），有效防范作业安全风险。

（6）加强危险作业的应急管理，预案符合现场实际，明确事故救援流程和方法，做到适用、管用，遇有危急情况及时启动，提高现场应急处置能力。

坍塌

【制度规定】

（1）《电力安全工作规程》（热力和机械部分）规定："捅煤斗内的堵煤，应使用专门的捅条并站在煤斗上部的平台上进行"。

（2）《电力安全工作规程》（热力和机械部分）规定："不准进入有煤的煤斗内捅堵煤。在特殊情况下，需进入有煤的煤斗内进行其他工作（如取出掉入的工具）时，必须采取下列安全措施……工作人员应戴口罩、手套，把袖口和裤脚扎好，进入煤斗必须使用安全带，安全带的绳子应缚在外面的固定装置上（禁止把绳子缚在铁轨上）并至少有两人在外面进行监护，进入煤斗后安全带应由监护人一直保持在稍微拉紧的状态……如果煤堆积在煤斗的一侧并有很大的陡坡（60°~70°）时，应在进入煤斗前将陡坡用捅条消除，以免塌下将人埋住"。

【案例10】基坑松土无防护　泥土垮塌埋一人

某厂外来施工单位在建污水沉淀池的施工中，1名工人被坍塌的泥土掩埋，经送往医院抢救无效死亡。

【简要经过】

某年11月25日9时左右，某厂外来施工单位在建污水沉淀池的施工中，有一段水泥浇筑钢柱，因为里面有钢筋，需要人工切割才可以使用机器再施工。1名工人爬到斜坡上去切割钢筋，另1名工人在斜坡底切割钢筋。在切割钢筋过程中，松软的泥土突然下滑垮塌，斜坡底部的工人被泥土掩埋，现场其他工人立即进行施救，将被埋工人挖出，送往医院抢救无效死亡。

【原因及暴露问题】

（1）对施工基坑的松软泥土没有进行支护或加固，给事故发生埋下了安全隐患。

（2）工作人员在斜坡作业面下方工作时，没有想到作业面上方泥土可能会造成垮塌。

（3）工作负责人忽视现场安全管理，没有组织进行危险点分析，没有设置现场监护人，盲目施工是造成事故的原因。

【事故图片及示意图】

坍塌

【知识点】

在基坑内作业时，工作人员应经常检查土壤变化情况，如有滑动、裂缝等现象时，应先将其消除，并观察好逃生路线后，才可继续工作。

【制度规定】

（1）《电力安全工作规程》（热力和机械部分）规定："当发现土壤有可能坍塌或滑动裂缝时，所有在下面工作的人员必须离开工作面，然后组织工人将滑动部分先挖去，或采取防护措施再进行工作"。

（2）《电力安全工作规程》（热力和机械部分）规定："开挖没有边坡的沟、井，必须根据挖掘的深度，先打桩后设支撑再开挖；装设支撑的深度，应根据土壤的性质和湿度决定。如挖掘的深度不大于 1.5 m，可将两壁挖成小于自然坍落角的边坡，而不设支撑。在施工中应经常检查支撑的安全状况，有危险征象时，应立即加固"。

第三部分

淹溺

第九章

应知应会

第一节　概述

　　淹溺又称溺水，是指人淹没于水中，由于呼吸道被外物堵塞或喉头气管发生反射性痉挛而造成窒息和缺氧，如图 9-1 所示。

图9-1　淹溺

淹溺可引起全身缺氧导致脑水肿。肺部进入污水可发生肺部感染。在病程演变过程中可发生呼吸急速,低氧血症、播散性血管内凝血、急性肾功能衰竭等合并症。

淹溺者表现神志丧失、呼吸停止及大动脉搏动消失,处于临床死亡状态。近乎淹溺者临床表现个体差异较大,与溺水持续时间长短、吸入水量多少、吸入水的性质及器官损害范围有关。淹溺者体征表现见表9-1。

表9-1　　　　　　　　　　淹溺者体征表现

淹溺时间	体征表现
1~2 min内	神志多清醒,有呛咳,呼吸频率加快,血压增高,胸闷胀不适,四肢酸痛无力
3~4 min内	可有神志模糊、烦躁剧烈咳嗽,喘憋、呼吸困难,心率慢、血压降低、皮肤冷、发绀在喉痉挛期之后,水进入呼吸道、消化道,脸面水肿、眼充血、口鼻血性泡沫痰、皮肤冷白、发绀、呼吸困难,上腹较膨胀
5 min以上	神志昏迷,口鼻血性分泌物,皮肤发绀重,呼吸憋喘或微弱浅表、不整,心音不清,呼吸衰竭、心力衰竭,以至瞳孔散大、呼吸心跳停止

第二节　淹溺分类

淹溺分为干性淹溺、湿性淹溺。

一、干性淹溺

人入水后，因受强烈刺激（惊慌、恐惧、骤然寒冷等），引起喉头痉挛，以致呼吸道完全梗阻，造成窒息死亡。当喉头痉挛时，心脏可反射性地停搏，也可因窒息、心肌缺氧而致心脏停搏，如图 9-2 所示。所有溺死者中 10% ~ 40% 可能为干性淹溺（尸检发现溺死者中仅约 10% 吸入相当量的水）。

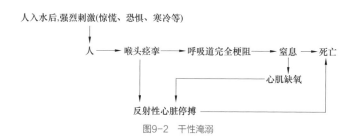

图9-2 干性淹溺

二、湿性淹溺

人淹没于水中，本能地引起反应性屏气，避免水进入呼吸道。由于缺氧，不能坚持屏气而被迫深呼吸，从而使大量水进入呼吸道和肺泡，阻滞气体交换，引起全身缺氧和二氧化碳潴留；呼吸道内的水迅速经肺泡吸收到血液循环。由于淹溺的水所含的成分不同，引起的病变也有差异。根据淹溺时水的成分可分为淡水淹溺和海水淹溺。

1. 淡水淹溺

淡水（如河、池等）进入呼吸道后影响通气和气体交换；水损伤气管、支气管和肺泡壁的上皮细胞，并使肺泡表面活性物质减少，引起肺泡塌陷，进一步阻滞气体交换，造成全身严重缺氧；淡水进入血液循环，稀释血液，引起低钠、低氯和低蛋白血症；血中的红细胞在低渗血浆中破碎，引起血管内溶血，导致高钾血症，导致心室颤动而致心脏停搏；溶血后过量的游离血红蛋白堵塞肾小管，引起急性肾功能衰竭，死亡，如图9-3所示。

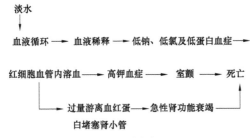

图9-3　淡水淹溺

2. 海水淹溺

海水含3.5%氯化钠及大量钙盐和镁盐。海水对呼吸道和肺泡有化学性刺激作用。肺泡上皮细胞和肺毛细血管内皮细胞受海水损伤后，大量水分及蛋白质向肺间质和肺泡腔内渗出，引起急性非心源性肺水肿。高钙血症可导致心律失常，甚至心脏停搏。高镁血症可抑制中枢和周围神经，导致横纹肌无力、扩张血管和降低血压，如图9-4所示。

图9-4　海水淹溺

第三节　淹溺事故原因

淹溺时，水大量进入血液循环中，可引起血浆渗透压改变、电解质紊乱和组织损伤，如果急救不及时，可造成呼吸阻塞和心搏停跳而死亡。造成淹溺的主要原因：

（1）不会游泳意外落水，如图 9-5 所示。

图9-5　意外落水

（2）游泳过程中时间过长力气耗尽，体力不支而溺水。

（3）游泳过程中受冷水刺激发生肢体抽搐，自救不当而溺水。

（4）游泳过程中肢体被植物缠绕，自救不当而溺水，如图 9-6 所示。

图9-6　肢体缠绕植物

（5）游泳过程中疾病急性发作而溺水。

（6）在浅水区跳水，头撞硬物，发生颅脑损伤而溺水，如图 9-7 所示。

图9-7　浅水区跳水

（7）饮酒过量或使用过量的镇静药物后游泳溺水。

（8）在水域边作业，安全防护措施不当，不慎落水。

（9）到水域边戏水、钓鱼、玩耍等，不慎落水，如图9-8所示。

图9-8　钓鱼落水

（10）潜水意外溺水。

（11）自杀溺水。

第四节　防止淹溺事故措施

淹溺属于常见的事故之一，其原因大都是由于游泳不慎溺水、行走失足溺水、作业失稳溺水、打捞漂浮物失稳溺水等所造成的，为了防止此类事故的发生，制定以下安全技术措施：

一、下水前安全措施

（1）在设有警示标志之处，或围起栏杆、篱笆等具有危险性的水域，要遵守警示不可下水，如图9-9所示。

图9-9　遵守警示

（2）不要单独一个人去玩水，更不要到不知水情或易发生溺水伤亡事故的地方去游泳。游泳前必须了解清楚水下是否平坦，有无暗礁、暗流及杂草，水域的深浅等情况，如图9-10所示。

图9-10　不要单人玩水

淹溺

（3）做好下水前的准备工作，先活动身体，如水温太低应先在浅水处用水淋洗身体，待适应水温后再下水游泳，如图 9-11 所示。

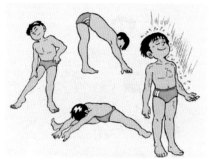

图9-11　下水前准备

（4）生病、精神或情绪欠佳时不可下水，如图 9-12 所示。

图9-12　身体欠佳

（5）酒后、过饿、过饱都不宜下水，如图 9-13 所示。

图9-13　不得酒后下水

（6）不明水域不可贸然下水或跳水，以免造成溺水或意外伤害，如图 9-14 所示。

图9-14　水域不明下水

（7）不要在水边嬉戏，以免发生危险或失足落水，如图 9-15 所示。

图9-15　水边嬉戏失足落水

二、下水后安全措施

（1）游泳中突然觉得身体不舒服（如眩晕、恶心、心慌、气短等），要立即上岸休息或呼救。

（2）不要在水温差太大（水温过冷或过热）环境中游泳，如图9-16所示。

图9-16　水温差大

（3）在水里不宜停留太久，以免过度疲劳，通常半个小时即上岸休息，可恢复体温，如图9-17所示。

图9-17　水里停留太久

（4）勿过于激烈运动或远离岸边游泳，以免抽筋造成意外，如图 9-18 所示。

图9-18　玩水抽筋

（5）对自己的水性要有自知之明，下水后不要逞强好胜，不要互相打闹，更不要在急流和游涡处游泳，以免喝水和溺水，如图 9-19 所示。

图9-19　逞强玩水

淹溺

（6）不要到工地水坑、水库、水塔、水池等不明水情的地方玩水，如图9-20所示。

图9-20　水池玩水

（7）水底常有易滑溜石头，在水中行走，应注意安全避免滑倒，如图9-21所示。

图9-21　水中行走滑倒

（8）水中遇意外凶险时，<u>应立即高举手臂大声呼救</u>，如图 9-22 所示。

图9-22　水中意外

（9）被水冲走时，身体应保持仰姿且脚在前、头在后，才能看清前方情况，预做安全措施，如图 9-23 所示。

图9-23　被水冲走

（10）不要在水库下游玩水，如果听到传来隆隆声响且越来越大时，立即往高处躲避，如图 9-24 所示。

图9-24　水库下游

（11）若被困岩石上，应找一些能助浮且耐冲击的东西备用，并保持冷静，等待救援，如图 9-25 所示。

图9-25　被困岩石上

三、淹溺自救措施

（1）当发生溺水时，不熟悉水性时可采取自救法：除呼救外，取仰卧位，头部向后，使鼻部可露出水面呼吸，呼气要浅，吸气要深。注意，千万不要慌张，不要将手臂上举乱扑动，使身体下沉更快，如图9-26所示。

图9-26　自救法

（2）溺水时应观察四周有无浮力的物体（如浮木、树枝、竹竿等），可借助它等待救援或慢慢游上岸，如图9-27所示。

图9-27　用树枝自救

（3）水中抽筋自救法。

1）如果是手指抽筋，则可将手握拳，然后用力张开，迅速反复多做几次，直到抽筋消除为止，如图9-28所示。

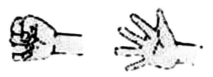

图9-28　手指抽筋自救

2）如果是小腿或脚趾抽筋，先吸一口气仰浮水上，用抽筋肢体对侧的手握住抽筋肢体的脚趾，并用力向身体方向拉，同时用同侧的手掌压在抽筋肢体的膝盖上，帮助抽筋腿伸直，如图9-29所示。

图9-29　小腿抽筋自救

3）如果是大腿抽筋，仰浮水面，使抽筋的腿屈曲，然后用双手抱住小腿用力，使其贴在大腿上，同时加以振颤动作，如图9-30所示。

图9-30　大腿抽筋自救

（4）水草缠身自救法。

1）要镇静，切不可踩水或手脚乱动，否则就会使肢体被缠得更难解脱，或在淤泥中越陷越深。

2）用仰泳方式（两腿伸直、用手掌倒划水）顺原路慢慢退回。或平卧水面，使两腿分开，用手解脱，如图 9-31所示。

图9-31　水草缠身自救

3）如随身携带小刀，可把水草割断，不然试试把水草
踢开，或象脱袜那样把水草从手脚上捋下来。自己无法摆
脱时，应及时呼救。

4）摆脱水草后，轻轻踢腿而游，并尽快离开水草丛生
的地方。

（5）疲劳过度自救法。

1）觉得寒冷或疲劳，应马上游回岸边。如果离岸甚
远，或过度疲乏而不能立即回岸，就仰浮在水上以保留力气，
如图 9-32 所示。

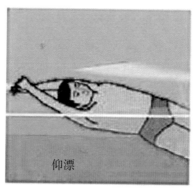

仰漂

图9-32 疲劳过度自救

2）举起一只手，要放松身体，让对方拯救。不要紧抱
着拯救者不放。

3）如果没有人来救，就继续浮在水上，等到体力恢复
后再游回岸边。

（6）身陷漩涡自救法。

1）有漩涡的地方，一般水面常有垃圾、树叶杂物在漩涡处打转，只要注意就可早发现，应尽量避免接近。如图9-33所示。

图9-33　漩涡

2）如果已经接近，切勿踩水，应立刻平卧水面，沿着漩涡边，用爬泳快速地游过。因为漩涡边缘处吸引力较弱，不容易卷入面积较大的物体，所以身体必须平卧水面，切不可直立踩水或潜入水中，如图9-34所示。

图9-34　漩涡自救

四、淹溺互救措施

（1）发现有人溺水时，先大声呼救，请求救援，并请人打 110 电话报警，再想办法施救，如图 9-35 所示。

图9-35　呼救人

（2）溺水者离岸不远，可利用长条物（如树枝、竹竿、救生钩、衣服等）给予救助，如图 9-36 所示。

图9-36　用树枝救助

（3）可抛掷救生圈、救生绳袋、绳子及其他可浮物体（如球类、木板等），协助溺水者获救，如图9-37所示。

图9-37　抛掷绳子救助

（4）密闭的空桶也可用于救生，如图9-38所示。

图9-38　用密闭空桶救助

（5）附近如有船只，可划船搭救，如图 9-39 所示。

图9-39　划船搭救

（6）近距离时，趴伏岸边，抓住岸边固定物，手伸不到，可用脚。如果不能保证岸边固定物能够固定好自己，确保自己的安全，就不要使用这种方法，如图 9-40 所示。

图9-40　岸边救助

（7）救护溺水者，应迅速游到溺水者附近，观察清楚位置，从其后方出手救援，将落水者攀扶上岸，如图9-41所示。

图9-41 水中救助

五、抢救溺水者措施

（1）溺水者救上岸后，首先清理其口鼻内污泥，痰涕，取下假牙，然后进行控水处理，救护人员单腿屈膝，将溺水者俯卧于救护者的大腿上，借体位使溺水者体内水由气管口腔中排出，如图9-42所示。

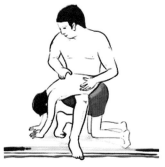

图9-42　控水处理

（2）如果溺水者呼吸心跳已停止，立即进行口对口人工呼吸，同时进行胸外心脏按摩，如图9-43所示。

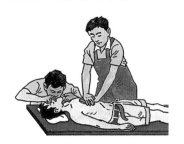

图9-43　人工呼吸与心脏按摩

（3）对于呼吸，脉搏正常溺水者，经过控水之后，回到家里后进行漱口，喝些姜汤或热茶，并注意保暖，让溺水者安静入睡；注意如有咳嗽，发热时应去医院治疗。

（4）在防止掩溺事故的发生的同时，要提高淹溺的救护能力。遇到淹溺事故时，现场急救刻不容缓，心肺复苏最为重要，并迅速送往医院救治。

第十章

淹溺事故防控

第一节 概述

淹溺是指人淹没于水中，造成的人员窒息伤害。发电企业有可能发生淹溺的主要场所有：冷却水塔、火电厂湿式灰场、水电站水坝、各类水池（循环水前池、工业废水池、雨水前池等）、循环水排水渠、排水井、码头等。存在的主要安全风险有：

（1）水上作业人员、潜水作业人员未经专业技能培训，上岗作业。

（2）使用不合格的救生衣、潜水服。

（3）水塔巡检或填料、打捞漂浮物、拆装挡风板、打冰、人工取样或加药等作业，人员跌落被淹，如图 10-1 所示。

淹溺

图10-1　水塔打冰

（4）冷却水塔内违章游泳，人员被淹，如图 10-2 所示。

图10-2　冷却水塔内违章游泳

（5）火电厂湿式灰场、水电站水坝周边或危险区域内
作业时，防护不当落水，如图 10-3 所示。

图10-3　防护不当落水

（6）循环水前池、雨水前池盖板未盖或损坏，踏空掉
入池内，如图 10-4 所示。

图10-4　踏空掉入池内

（7）循环水阀门井、管道内作业时，水位突然上升，人员逃生不及被淹，如图 10-5 所示。

图10-5　人员逃生不及被淹

（8）人员违章坐靠水池、码头临水侧的防护栏杆，失稳落水，如图 10-6 所示。

图10-6　失稳落水

（9）打捞水上漂浮物，人员失稳落水，如图 10-7 所示。

图10-7　打捞漂浮物后失稳落水

（10）水池或码头临水侧临边作业时，人员失稳落水（海），如图 10-8 所示。

图10-8　临边作业失稳落水

淹溺

（11）水池内有人作业时，误开进水阀门（闸板），人员逃生不及被淹，如图 10-9 所示。

图10-9　逃生不及被淹

（12）人员站在码头边缘处接、解缆绳时，失稳坠海，如图 10-10 所示。

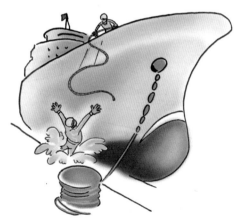

图10-10　失稳坠海

（13）上、下船的跳板宽度不够、跳板或楼梯未安装栏杆和安全防护网，人员失稳坠海，如图 10-11 所示。

图10-11　失稳坠海

（14）台风或短时强风将人吹入海内，如图 10-12 所示。

图10-12　吹入海内

（15）施救人员的救护方法或防护措施不当被淹，如图 10-13 所示。

图10-13　救护方法或防护措施不当被淹

（16）水电站开机发电放水时，下游人员滞留被淹，如图 10-14 所示。

图10-14　滞留被淹

第二节　个人能力与防护

一、个人能力要求

（1）卸船机操作人员必须经专业技能培训，取得《特种设备作业人员证》，如图 10-15 所示。

图10-15　《特种设备作业人员证》

（2）码头作业人员必须经专业技能及安全防护培训。

（3）水上作业人员必须经专业技能培训，掌握水上防护、自救常识，如图 10-16 所示。

图10-16　专业技能培训

（4）潜水作业人员必须经专业技能培训，取得《潜水专业资格证》。

（5）从事水上作业人员必须身体健康，无水上作业禁忌症。

二、个体防护要求

（1）救生衣。水上作业或码头临水作业人员必须穿着救生衣。且满足以下安全要求：

1）救生衣必须有生产许可证、产品合格证。

2）救生衣使用年限为 5~7 年。

3）穿着救生衣前，必须检查面料、泡沫塑料或软木完整、无破损，如图 10-17 所示。

图10-17 检查救生衣

（2）潜水服。潜水作业人员必须穿着潜水服。且满足以下安全要求：

1）潜水服必须有生产许可证、产品合格证。

2）潜水服必须经法定的技术部门检验。

3）潜水气瓶检验周期为 2 年；储气罐、安全阀检验周期为 1 年；压力表检验周期为半年。

三、着装要求

救生衣应穿在上衣外面，系紧衣带，如图 10-18。

图10-18　穿救生衣

第三节　冷却水塔淹溺防控

冷却水塔淹溺主要是指水塔巡检或填料、打捞漂浮物、

淹溺

拆装挡风板、打冰、人工取样或加药等作业时，人员失稳落水被淹。

一、安全作业现场

（1）冷却水塔周边应装设防护栏杆或防护网，如图10-19所示。

图10-19　装设防护栏杆或防护网

（2）水塔内走道及栏杆应齐全完好，水塔中央竖井井口必须装设栏杆和盖板，如图10-20所示。

图10-20　装设栏杆和盖板

（3）水塔填料箅子应完好，固定牢固。

（4）水塔爬梯应完好无损，如图 10-21 所示。

图10-21　水塔爬梯

（5）水塔作业现场照明应充足。

（6）水塔防护围栏上必须悬挂以下安全警示牌，如图
10-22 所示。

图10-22　安全警示牌

二、安全作业行为

（1）雨、雪或刮大风天气，严禁在水塔上作业，如图10-23所示。

图10-23　严禁水塔上作业

（2）水塔搭设脚手架或拆装挡风板时，必须系好安全带，必要时加安全绳，如图10-24所示。

图10-24　系好安全带

（3）水塔周边作业（如打冰、取样、加药、打捞漂浮物等）时，应做好防滑落水措施，如图 10-25 所示。

图10-25　防滑落水措施

（4）水塔填料作业时，必须系好安全带，并加安全绳，设专人监护，如图 10-26 所示。

图10-26　系好安全带，并加安全绳

（5）严禁人站在冷却塔水管上行走，如图 10-27 所示。

图10-27　严禁冷却塔水管上行走

（6）冷却水塔打冰作业时，必须使用专用工具，设专人指挥，并做好防滑跌摔倒的措施，如图 10-28 所示。

图10-28　防滑跌摔倒措施

第四节　水（灰）坝淹溺防控

水（灰）坝淹溺主要是指在水（灰）坝区域作业发生的淹溺伤害。主要作业有：坝体检查和监测、坝体加固和维护、水坝清淤泥、打捞漂浮物、闸门（阀门）检修等。

一、安全作业现场

（1）水坝两侧必须装设防护栏杆，坝体及周边必须挂"禁止游泳""禁止钓鱼"等警示牌，如图 10-29 所示。

图10-29　警示牌

（2）水坝上各类孔、洞盖板应齐全牢固，如图 10-30 所示。

图10-30　各类孔、洞盖板齐全牢固

（3）水上作业平台周围必须装设防护栏杆。

（4）水上作业所用索具、脚手板、吊篮、平台等设施必须定期检验，且有检验报告。

（5）湿灰坝的周边必须挂"禁止游泳""禁止钓鱼""禁止捕鱼"等警示牌，如图10-31所示。

图10-31　警示牌

（6）水（灰）坝坝体照明应充足。

二、安全作业行为

（1）在水上平台临边作业时，必须系好安全带，如图10-32所示。

图10-32　系好安全带

（2）水上作业所用索具、脚手板、吊篮、平台等设施未经检验，不得使用。

（3）坝体巡视人员必须在规定的巡视路线内进行巡视，不得擅自进入危险区域。

（4）在打捞水上漂浮物时，必须穿好救生衣，如图10-33所示。

图10-33　穿好救生衣

（5）在危险区域内作业时，必须系好安全带（绳），并设专人监护，如图 10–34 所示。

图10-34　设专人监护

（6）雨、雪、大风、大雾等恶劣天气，不得在水（灰）坝周边行走或作业。

第五节　水池淹溺防控

水池淹溺主要是指在循环水前池、工业废水池、雨水前池、沉淀池等处作业发生的淹溺伤害。主要作业有：现场巡检、水池维修和加固、水池清淤泥等。

一、安全作业现场

（1）循环水前池、雨水前池必须装设盖板和防护栏杆，挂安全警示牌，如图 10-35 所示。

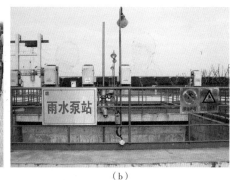

（a）　　　　　　　　　　　　　　　　（b）

图10-35　挂安全警示牌（一）

（2）工业废水池、沉淀池必须装设防护栏杆，挂安全警示牌，如图 10-36 所示。

图10-36　挂安全警示牌（二）

（3）喷水池四周的池壁应高出地面至少 200 mm，旁边应有便道。

（4）进入水池内前,应放净池内水,关严进水阀门（闸板）、加锁，并挂"禁止操作、有人工作"警告牌，如图 10–37 所示。

图10-37　挂警告牌

（5）水池内作业必须设置逃生通道，如图 10–38 所示。

图10-38　设置逃生通道

（6）水池周边照明应充足。

二、安全作业行为

（1）进入水池内作业时，必须由专业人员进行，作业人员不得少于 2 人，其中一人监护。

（2）更换水池盖板时必须 2 人及以上作业，系好安全带（绳），并使用吊装盖板的专用工具，如图 10-39 所示。

图10-39　使用吊装盖板专用工具

（3）检查工业废水池、雨水前池的水位时，作业人员不得翻越或坐靠防护栏杆，如图 10-40 所示。

图10-40　不得翻越防护栏杆

（4）水池临边作业或打捞漂浮物时，必须系好安全带（绳）。

（5）在运行中的水池内作业时，严禁靠近循环水泵的进水管口。

（6）清理水池内淤泥等杂物时，必须设有逃生通道，设专人监护，如图 10-41 所示。

图10-41　设逃生通道并专人监护

（7）潜水泵抽水时，严禁人员进入水池，如图 10-42 所示。

图10-42　严禁人员进入水池

（8）检修喷水池的喷嘴时，人应站在木船或木排上。严禁站在水管上行走。

（9）严禁在水池内洗澡、游泳。

第六节　卸煤码头淹溺防控

卸煤码头淹溺主要是指在卸煤码头上作业时，人员失稳落水被淹。主要作业有：解（系）缆绳、装卸作业、设备检修与维护、码头保洁等。

一、安全作业现场

（1）码头、卸船机临海侧（除靠泊侧）的防护栏杆必须齐全完好，如图10-43所示。

图10-43　防护栏杆齐全完好

（2）码头上不得堆积杂物及易燃易爆物品，如图 10-44 所示。

（a）

（b）

图10-44　不得堆积杂物或易燃易爆物品

（3）码头上油渍、冰雪应及时清理，必要时应铺上草包，以防滑跌。

（4）船舶与码头间的人行通道应设置牢固防护栏杆，并装设防护网，如图 10-45 所示。

图10-45　装设防护网

（5）上下码头和跨越两船时，当高低相距大于 0.5 m 时，必须使用跳板或梯子。

（6）船上使用木梯、竹梯时，上端应用绳子绑牢。

（7）卸船机、推扒机上的安全保护装置应齐全可靠。

（8）严禁使用直接磨掉 7% 的钢丝绳或一束中的股线断线数达 10% 的钢丝绳。

（9）码头上必须配备足够数量的救生圈、救生衣、急救药箱、消防器材等，如图 10–46 所示。

图10-46　配备足够数量救生用具

（10）码头上必须装设以下安全警示牌，如图 10–47 所示。

图10-47　安全警示牌

（11）码头上照明必须充足。

淹溺

二、安全作业行为

（1）未经专业技能培训的人员，不得开船，不得操作卸船机、推扒机等。

（2）码头上的打缆工或临海侧的作业人员必须穿着救生衣，如图 10-48 所示。

图10-48　穿救生衣

（3）码头临海侧作业时，必须系好安全带（绳），如图 10-49 所示。

图10-49　系好安全带（绳）

（4）上下船只用的跳板必须宽搭稳架，船未停稳不得上下。上下船只人应双手扶好栏杆，如图 10-50 所示。

图10-50　双手扶好栏杆

（5）接（解）缆绳时，人应站在码头的安全地方，严禁站在码头边缘处。拉缆绳时，不得拉缆绳甩头的顶端，拉不住时应放手，如图 10-51 所示。

图10-51　严禁站在码头边缘处

（6）码头人员与停靠船舶人员之间严禁相互抛掷工具、物料。

（7）严禁人员坐靠防护栏杆。

（8）严禁用卸船机进行吊人作业，如图 10-52 所示。

图10-52　严禁用卸船机进行吊人作业

（9）严禁下水洗澡、游泳。

（10）使用船舶运输应根据船只载重量及平衡程度装载，严禁超载。

（11）煤船漂离码头2 m以上，严禁卸煤作业。

（12）卸船机作业中无关人员不得登机；停止作业时，应将卸船机开至指定位置，并锚定好船。

（13）遇6级以上大风时，船舶应靠岸停泊。严禁在码头上作业，如图10-53所示。

图10-53　严禁在码头上作业

第十一章

淹溺事故应急处置

淹溺事故应急处置是针对游泳不慎溺水、失足落水、打捞漂浮物落水、水池边不慎落水、卸煤码头作业失稳落水等原因造成的人员淹溺事故而制定的现场应急处置方案。主要内容有：事件特征、应急处置程序、应急处置措施、事件报告、注意事项。

一、事件特征

1. 危险性分析

（1）在水池边人员站位不当，工作时不慎掉入池中，造成溺水事故。

（2）在水池内作业中，工作联系不畅，突然启动水泵，淹没工作人员，造成溺水事故。

（3）打捞漂浮物作业中不慎落水，造成溺水事故。

（4）在非游泳区域内游泳，由于对水情不熟悉，即使会游泳，也可能发生溺水事故。

（5）在卸煤码头临边作业中不慎落水，造成溺水事故。

（6）其他原因造成溺水事故。如钓鱼、水中玩耍等。

2. 事件类型

游泳不慎溺水、行走失足溺水、作业中不慎溺水、打捞漂浮物失稳溺水等。

3. 事件可能发生的地点和装置

冷水塔、灰场、水坝、水池、水井等场所。

4. 事件可能造成的危害

人淹没于水中，因大量的水或泥沙、杂物等经口、鼻灌入肺内，造成呼吸道阻塞，引起窒息、缺氧，致人神志不清、昏迷甚至死亡。

5. 事件前可能出现的征兆

人落水后，不会游泳者在水中挣扎；会游泳者因手足抽筋或者浅水而造成头部损伤而不能自救。

二、现场应急处置程序

（1）事件发生后，现场人员应呼喊周边人员，立即进行施救，将溺水者救上岸，并报告应急指挥组，如图 11-1 所示。报告内容主要有：事件发生的时间、地点、背景，人员伤亡数量等，已采取的处置措施和需要救助的内容。

图11-1　呼喊周边人员

（2）应急指挥组接到通知后，判断现场警情，确定响应级别。

（3）启动现场应急处置程序，召集相关专业人员，调配应急资源，迅速赶往事发现场。

（4）根据现场实际情况合理组织抢救工作，保证施救人员的安全，并确定是否请求支援。

（5）立即拨打"120"急救电话，并做好送往医院的准备工作。

（6）如果事件进一步扩大，且超出本单位应急处置能力时，应向当地政府有关部门及上级主管单位请求支援。

（7）做好应急恢复的各项工作，主要包括现场清理、善后处理、事件调查等。

（8）应急结束，总结评审。

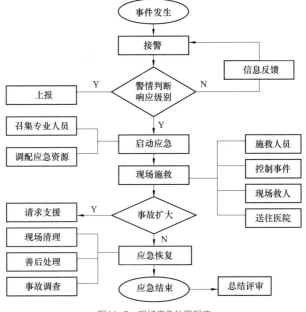

图11-2 现场应急处置程序

三、现场应急处置措施

（1）自救。落水后，应保持冷静，切勿大喊大叫，以免水进入呼吸道引起阻塞和剧烈咳呛。应尽量抓住漂浮物如木板等，以助漂浮，如图 11-3 所示。双脚踩水，双手不断划水，落水后立即屏气，在挣扎时利用头部露出水面的机会换气，再屏气，如此反复，以等救援。

图11-3　自救

（2）现场人员发现溺水者立即向周围人员呼救，如图11-4所示。

图11-4　呼救人员

（3）如果身边遇不会游泳者，立即将绳索、竹竿、木板或救生圈等投掷给溺水者，让溺水者握住后拖上岸，如图 11-5 所示。

图11-5　不会游泳者救助法

（4）如果身边有会游泳者，应立即进行施救；对于溺水者已经昏迷，可以从正面接近。对于溺水者仍在挣扎，则必须从后面游过去，以免被抱住，一起沉入水底，如图 11-6 所示。

图11-6　会游泳者救助法

（5）溺水者被救上岸后，应立即用毛毯（或保温物件）裹住身体，维持体温，如图11-7所示。

图11-7　用毛毯裹住身体

（6）立即清除口鼻的泥沙、呕吐物等，松解衣领、纽扣、腰带等，必要时将舌头用毛巾、纱布包裹拉出，保持呼吸道畅通，如图11-8所示。

图11-8　清除口鼻异物

（7）立即对溺水者进行控水（倒水），倒出胃内积水。

1）伏膝倒水法。抢救者单腿跪地，另一腿屈起，将溺水者俯卧置于屈起的大腿上，使其头足下垂。然后颤动大腿或压迫其背部，使其呼吸道内积水倾出，如图11-9所示。

图11-9　给溺水者倒水法

2）肩背倒立倒水法。将溺水者俯卧置于抢救者肩部，使其头足下垂，抢救者作跑动姿态就可倾出其呼吸道内积水，如图11-10所示。

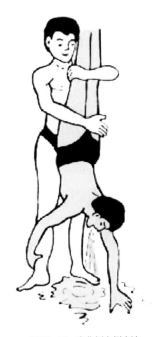

图11-10 肩背倒立倒水法

3）注意倾水的时间不宜过长，以免延误心肺复苏。

（8）如果有呼吸、有脉搏，应使溺水者处于侧卧位，保持呼吸道畅通。

（9）如果无呼吸、有脉搏，应使溺水者处于仰卧位，扶住头部和下颚，头部向后微仰保证呼吸道畅通，进行人工呼吸，吹气时，用腮部堵住溺水者鼻孔，每3 s吹气一次，如图 11-11 所示。

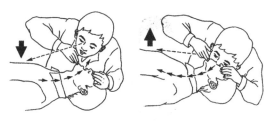

图11-11　人工呼吸法

（10）如果无呼吸、无脉搏，应使溺水者处于仰卧，食指位于胸骨下切迹，掌根紧靠食指旁，两掌重叠，按压深度4~5 cm，每15 s吹气2次，按压15次，如图11-12所示。

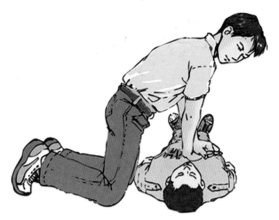

图11-12　心脏按压法

（11）在送往医院的途中对溺水者进行人工呼吸，心脏按压也不能停止，判断好转或死亡才能停止，如图11-13所示。

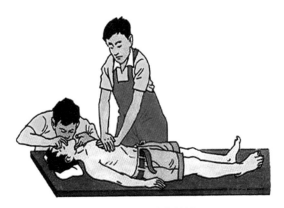

图11-13　送医院途中抢救

四、事故报告

（1）现场人员要向本单位领导汇报现场事发情况，在事故调查中，现场人员应积极配合安监部门或事故调查组的调查和询问。

（2）事故单位相关负责人要以书面形式向上级安监部门汇报事故经过、防范措施。

（3）当事故进一步扩大时，还应向上级主管单位汇报事故信息，如果发生死亡、多人死亡事故时，还应立即报告当地政府的安全监察部门、公安部门、人民检察院、工会等，最迟不超过1 h。

（4）事故报告要求：事故信息准确完整、事故内容描述清晰。

（5）事故报告内容：①发生事故的时间和地点；②人员伤亡情况；③已采取的措施，报告人及电话。

五、注意事项

（1）若未经过专业救人训练或未领会水中救助方法的人，切记不要轻易下水救人。谨记一点，会游泳者并不代表会救人。

（2）要防止抢救人员被溺水者死死抱住，而双双发生危险。

（3）在水中发现淹溺者已昏迷，可在拖泳过程中向淹溺者进行口对口吹气，边游边吹，争取抢救时间，如图11-14所示。

（4）做心脏按压时，注意压力要均匀，抬手放松要快，

图11-14　边游边吹抢救

下压和放松时间相等或下压稍长于放松时间。压力不能过大，以防止压断肋骨。压迫部位要准确。检查心脏按摩是否有效，可触摸股动脉或颈动脉在按摩时有无搏动出现。

（5）备齐必要的应急救援物资，如车辆、救生衣或救生圈、担架、氧气袋等。

（6）溺水现场的救援结束后，应警戒及收集资料，等待事故调查组进行调查处理。